JN014499

大学数学 基礎力養成

積分の教科書

丸井洋子 著

東京電機大学出版局

はじめに

　本書は「一変数の積分」に関する入門書です。姉妹本『大学数学 基礎力養成　微分の教科書』の続編として書かれたものですが，独立して読めるようになっています。

　第1章と第2章では不定積分，第3章と第4章では定積分について述べました。微分積分学では「計算」が主たるテーマとなります。1.2節「有理関数の積分」では，基本的とはいえ1問解くのに時間がかかる計算問題も扱いました。読者は例題・練習問題だけでなく，本文中に例として挙げた計算も必ず一度は自分の手で行ってください。

　また第3章は定積分の導入として，図形の面積を求めるために「区分求積法」が用いられたことを述べました。しかしこの方法による計算は一般に困難であることを例を挙げて示し，「微分積分法の基本定理」によって原始関数を用いて劇的に簡単に面積を計算できることを順を追って説明しています。ただ，理論を追うことを最初のうちは苦痛に感じられるかもしれませんので，読者はいったん計算法だけをつかみ，あとで必要に応じて戻って読んで頂いても構いません。

　なお，巻末に本文中で扱った積分計算について「計算例による索引」を設けました。読者は自習の際に，計算の仕方が分からないときに類題を見つけ，該当するページを読んで参考にしてください。また，本書に準拠した『大学数学　基礎力養成　積分の問題集』もご活用ください。

　本書を読んで，微分積分学に興味を持ち，より深い学習に進んで頂ければ幸いです。

　最後に，本書の編集・校正でお世話になった東京電機大学出版局の吉田拓歩氏に心から感謝申し上げます。

2017年10月　　　　　　　　　　　　　　　　　　丸井　洋子

不定積分

$$\int \frac{dx}{x^3-1} = \frac{1}{3}\int \frac{dx}{x-1} - \frac{1}{3}\int \frac{x+2}{x^2+x+1}\,dx$$

1.1   不定積分

　本章では関数の積分について学びましょう。積分には不定積分と定積分の2種類があり，それらは後述する**微分積分学の基本定理**によって結びついているのです。歴史的には，面積・体積を求める方法としてまず定積分が発見され，その後微分の逆演算として不定積分が導入されました。

　まずは不定積分から始めましょう。ここでは単に計算することが主なテーマだと考えてください。後で定積分の計算を行うときに，不定積分を速やかに求められることが要求されます。

　関数 $f(x)$ の**不定積分**または**原始関数**とは，微分すると $f(x)$ になるようなもとの関数のことです。言い換えれば，関数 $F(x)$ の導関数が $f(x)$ であるとき，$F(x)$ を $f(x)$ の不定積分といいます。

　たとえば，x^3 を微分すると $3x^2$ になるので，x^3 は $3x^2$ の原始関数ですが，このほかにも x^3+2，x^3-5 も微分すれば $3x^2$ ですから，原始関数全体をまとめて x^3+C と書くのです。そしてこのとき

$$\int 3x^2\,dx = x^3 + C$$

と書きます。この C を**積分定数**といいます。ほかに

$$\int \sin x\,dx = -\cos x + C, \quad \int \frac{1}{x}\,dx = \log|x| + C, \quad \int e^x\,dx = e^x + C$$

などがあげられます。なお $\int \dfrac{1}{x}\,dx$ は $\int \dfrac{dx}{x}$ とも書きます。

　一般に，$f(x)$ の不定積分の1つを $F(x)$ とすると，$f(x)$ の不定積分全体は

$$\int f(x)dx = F(x) + C \quad (C \text{ は任意の数})$$

となります。$f(x)$ の不定積分を求めることを，$f(x)$ を**積分する**といいます。

　積分計算を行うときの基本的な関数の不定積分をまとめておきましょう。
　3ページの表にあげた関数以外の積分で，少し形が複雑なものとして

$$\int \sqrt{a^2 - x^2}\, dx = \frac{1}{2}\left(x\sqrt{a^2 - x^2} + a^2 \mathrm{Sin}^{-1}\frac{x}{a}\right) + C \qquad (a > 0)$$

$$\int \sqrt{x^2 + A}\, dx = \frac{1}{2}\left(x\sqrt{x^2 + A} + A\log\left|x + \sqrt{x^2 + A}\right|\right) + C \qquad (A \neq 0)$$

などがあります。

$f(x)$	$\int f(x)dx$	$f(x)$	$\int f(x)dx$
x^{α} （α：実数）	$\dfrac{1}{\alpha+1}x^{\alpha+1} + C$ （$\alpha \neq -1$）	e^x	$e^x + C$
$\dfrac{1}{x}$	$\log|x| + C$	$a^x \begin{pmatrix} a>0 \\ a\neq 0 \end{pmatrix}$	$\dfrac{1}{\log a}a^x + C$
$\sin x$	$-\cos x + C$	$\dfrac{1}{\sqrt{a^2 - x^2}}$ （$a>0$）	$\mathrm{Sin}^{-1}\dfrac{x}{a} + C$
$\cos x$	$\sin x + C$	$\dfrac{1}{x^2 + a^2}$ （$a>0$）	$\dfrac{1}{a}\mathrm{Tan}^{-1}\dfrac{x}{a} + C$
$\dfrac{1}{\cos^2 x}$	$\tan x + C$	$\dfrac{1}{\sqrt{x^2 + A}}$ （$A \neq 0$）	$\log\left|x + \sqrt{x^2 + A}\right| + C$

　なお，本書では以後，**計算の途中段階では**，積分定数 C を省くことがあります。

　ここにあげた不定積分は，右辺の関数 $F(x) + C$ を微分してみれば，それぞれ左辺のもとの関数 $f(x)$（**被積分関数**）になることがすぐに確かめられますが，一般には不定積分を求めることは難しいのです。関数を積分する際には，一種のヒラメキが必要となります。

　微分の性質から，次の定理が得られます。

定理 1.1　不定積分の性質

(i) $\displaystyle\int \bigl(f(x) + g(x)\bigr)dx = \int f(x)dx + \int g(x)dx$

(ii) $\displaystyle\int kf(x)dx = k\int f(x)dx$

　この性質 (i)，(ii) を不定積分の**線形性**といいます。これらの性質から

$$\int \bigl(3x^2 - 4x + 1\bigr)dx \underset{\text{(i)}}{=} \int 3x^2\, dx - \int 4x\, dx + \int 1\, dx \quad \text{（項別積分）}$$

$$= 3\int x^2\,dx - 4\int x\,dx + \int 1\,dx = 3\cdot\frac{1}{3}x^3 - 4\cdot\frac{1}{2}x^2 + x + C$$
(ii)
$$= x^3 - 2x^2 + x + C$$

といった計算ができます。なお，$\int 1\,dx$ は単に $\int dx$ とも書きます。ほかの例も見てみましょう。

例1
$$\int\left(4x^3 + x^2 - 3x + 5\right)dx = 4\int x^3\,dx + \int x^2\,dx - 3\int x\,dx + 5\int dx$$
$$= 4\cdot\frac{1}{4}x^4 + \frac{1}{3}x^3 - 3\cdot\frac{1}{2}x^2 + 5x + C$$
$$= x^4 + \frac{1}{3}x^3 - \frac{3}{2}x^2 + 5x + C$$

例2
$$\int\left(\frac{4}{x^3} + \frac{2}{x^2} - \frac{3}{x}\right)dx = 4\int\frac{dx}{x^3} + 2\int\frac{dx}{x^2} - 3\int\frac{dx}{x} = 4\int x^{-3}\,dx + 2\int x^{-2}\,dx - 3\int\frac{dx}{x}$$
$$= 4\cdot\frac{1}{-3+1}x^{-3+1} + 2\cdot\frac{1}{-2+1}x^{-2+1} - 3\log|x| + C$$
$$= -2x^{-2} - 2x^{-1} - 3\log|x| + C = -\frac{2}{x^2} - \frac{2}{x} - 3\log|x| + C$$

例3
$$\int\left(3\sin x - 4\cos x + 2e^x\right)dx = 3\int\sin x\,dx - 4\int\cos x\,dx + 2\int e^x\,dx$$
$$= -3\cos x - 4\sin x + 2e^x + C$$

例4
$$\int\left(\sqrt{x} + \sqrt[3]{x} + \frac{1}{\sqrt{x}}\right)dx = \int\left(x^{\frac{1}{2}} + x^{\frac{1}{3}} + x^{-\frac{1}{2}}\right)dx$$
$$= \frac{2}{3}x^{\frac{3}{2}} + \frac{3}{4}x^{\frac{4}{3}} + 2x^{\frac{1}{2}} + C = \frac{2}{3}x\sqrt{x} + \frac{3}{4}x\sqrt[3]{x} + 2\sqrt{x} + C$$

例 題 1

次の関数を積分せよ。

① $2x^3 - x^2 + x - 5$

② $\dfrac{3}{x} + \dfrac{2}{x^2} - \dfrac{5}{x^3}$

③ $2\sin x - 3\cos x + 5e^x$

④ $3\sqrt{x} + \sqrt[3]{x^2} + \dfrac{4}{\sqrt[5]{x^3}}$

解き方

① $\displaystyle\int\left(2x^3 - x^2 + x - 5\right)dx = 2\int x^3 dx - \int x^2 dx + \int x\, dx - 5\int dx$

$\displaystyle = 2\cdot\frac{1}{4}x^4 - \boxed{}\,x^{\boxed{}} + \frac{1}{2}x^{\boxed{}} - 5x + C$

$\displaystyle = \boxed{\phantom{\hspace{6cm}}\text{エ}}$

② $\displaystyle\int\left(\frac{3}{x} + \frac{2}{x^2} - \frac{5}{x^3}\right)dx = 3\int\frac{dx}{x} + 2\int x^{-2}dx - 5\int x^{-3}dx$

$\displaystyle = 3\,\boxed{\phantom{\hspace{3cm}}\text{オ}} + 2(-1)\cdot x^{-1} - 5\left(\boxed{}\right)x^{\boxed{}} + C$

$\displaystyle = \boxed{\phantom{\hspace{6cm}}\text{ク}}$

③ $\displaystyle\int\left(2\sin x - 3\cos x + 5e^x\right)dx = 2\int\sin x\, dx - 3\int\cos x\, dx + 5\int e^x\, dx$

$\displaystyle = 2\left(\boxed{\phantom{\hspace{1.5cm}}\text{ケ}}\right) - 3\cdot\boxed{\phantom{\hspace{2cm}}\text{コ}} + 5\cdot\boxed{\phantom{\text{サ}}} + C$

$\displaystyle = \boxed{\phantom{\hspace{6cm}}\text{シ}}$

④ $\displaystyle\int\left(3\sqrt{x} + \sqrt[3]{x^2} + \frac{4}{\sqrt[5]{x^3}}\right)dx = 3\int x^{\frac{1}{2}}dx + \int x^{\frac{2}{3}}dx + 4\int x^{-\frac{3}{5}}dx$

$\displaystyle = 3\cdot\boxed{\phantom{\text{ス}}}\,x^{\frac{3}{2}} + \frac{3}{5}x^{\boxed{}} + 4\cdot\frac{5}{2}x^{\frac{2}{5}} + C$

$\displaystyle = \boxed{\phantom{\hspace{6cm}}\text{ソ}}$（累乗根に戻す）

■

=== 練 習 問 題 **1** ===

次の関数を積分せよ。

① $4x^3 - 3x^2 + 2x + 1$　　　　② $\dfrac{1}{3}x^4 + \dfrac{3}{2}x^3 - \dfrac{1}{5}x + 3$

③ $(2x - 3)^2$　　　　④ $\left(x + \dfrac{1}{x}\right)^2$

⑤ $2\sin x - 3\cos x$　　　　⑥ $5\sin x - \dfrac{3}{\cos^2 x}$

⑦ $3e^x - 1$　　　　⑧ $\sqrt{x} + \dfrac{1}{\sqrt{x}}$

⑨ $\sqrt[3]{x} + x\sqrt{x}$　　　　⑩ $\dfrac{1}{x\sqrt{x}} - \dfrac{1}{\sqrt[3]{x}}$

　実際の積分の計算では，x^2，$\sin x$，$\cos x$ や e^x といった基本的な関数のほかに，$(2x+5)^3$，$\sin 2x$，$\cos(3x-1)$，e^{x^2+3} などの**合成関数の微分**の知識を使うものがあります。まずは $(\boldsymbol{ax+b})^n$ の形をした関数の積分から始めましょう。

　たとえば，

$$\left\{(2x+5)^3\right\}' = 3(2x+5)^2 \times 2 = 6(2x+5)^2$$

ですから

$$\int (2x+5)^2 dx$$

を計算するときには，まず $(2x+5)^2$ の**次数2**に着目し，これより**1大きい次数**をつけて

$$(2x+5)^3$$

と書きます。次に，「x^2 を積分すると $\dfrac{1}{3}x^3$」であることを思い出して

$$\dfrac{1}{3}(2x+5)^3$$

とします。そして最後に，$2x+5$ の x の係数2の逆数 $\dfrac{1}{2}$ を掛けて

$$\frac{1}{3}(2x+5)^3 \times \frac{1}{2} = \frac{1}{2}\cdot\frac{1}{3}(2x+5)^3$$ 逆数の関係

を整理して

$$\int (2x+5)^2 dx = \frac{1}{6}(2x+5)^3 + C$$

を得ます。右辺を書いたら，**必ず微分して左辺の被積分関数になるか確認するように**しましょう。

　一般に，$a \neq 0$，$n \neq -1$ のとき

$$\int (ax+b)^n dx = \frac{1}{a(n+1)}(ax+b)^{n+1} + C$$

となります。ここで，n は負の数でもよいことに注意しましょう。たとえば，$n = -2$ のとき

$$\int \frac{dx}{(2x+5)^2} = \int (2x+5)^{-2} dx = \frac{1}{2(-2+1)}(2x+5)^{-2+1} + C$$

$$= -\frac{1}{2}(2x+5)^{-1} + C = -\frac{1}{2(2x+5)} + C$$

となります。

　また，$n = -1$ のときは

$$\int \frac{dx}{2x+5} = \frac{1}{2}\log|2x+5| + C$$

であり，**右辺はxの多項式や分数式では表されない**ことに注意しましょう。一般に

$$\int \frac{dx}{ax+b} = \frac{1}{a}\log|ax+b| + C \qquad (a \neq 0)$$

なのです。これはよく忘れるので，分母がxの1次式のときは特に注意してください。

　では練習しましょう。

例題 2

次の計算をせよ。

① $\displaystyle\int (3x-5)^3 dx$ 　　② $\displaystyle\int \frac{dx}{3x-5}$ 　　③ $\displaystyle\int \frac{dx}{(3x-5)^4}$

解き方

① $\displaystyle\int (3x-5)^3 dx = \frac{1}{3}\cdot\frac{1}{\boxed{\text{ア}}}(3x-5)^{\boxed{\text{イ}}}+C=\boxed{\text{ウ}}+C$

② $\displaystyle\int \frac{dx}{3x-5} = \frac{1}{\boxed{\text{エ}}}\log\left|\,\boxed{\text{オ}}\,\right|+C$

③ $\displaystyle\int \frac{dx}{(3x-5)^4} = \int (3x-5)^{-4}dx = \frac{1}{3}\cdot\frac{1}{\boxed{\text{カ}}}(3x-5)^{\boxed{\text{キ}}}+C$

$= \boxed{\text{ク}}$

練 習 問 題 ❷

次の計算をせよ。

① $\displaystyle\int (2x-3)^4\,dx$　　　　② $\displaystyle\int (4x+3)^3\,dx$

③ $\displaystyle\int (-4x+1)^5\,dx$　　　④ $\displaystyle\int (-3x+7)^4\,dx$

⑤ $\displaystyle\int \frac{dx}{3x+5}$　　　　⑥ $\displaystyle\int \frac{dx}{4x-7}$

⑦ $\displaystyle\int \frac{dx}{-3x+8}$　　　⑧ $\displaystyle\int \frac{dx}{6-3x}$

⑨ $\displaystyle\int \frac{dx}{(2x-7)^3}$　　　⑩ $\displaystyle\int \frac{dx}{(3x+4)^5}$

⑪ $\displaystyle\int \frac{dx}{(-3x+2)^4}$　　⑫ $\displaystyle\int \frac{dx}{(-x+5)^6}$

ところで，関数 $\sqrt{3x+4}$ や $\dfrac{1}{\sqrt{3x+4}}$ はどのようにして積分するのでしょうか？ これらはまず，累乗根を指数で表してから，同様に計算できます。

$$\int \sqrt{3x+4}\,dx = \int (3x+4)^{\frac{1}{2}}\,dx = \frac{1}{3}\cdot\frac{1}{\frac{1}{2}+1}(3x+4)^{\frac{1}{2}+1}+C$$

$$= \frac{1}{3}\cdot\underbrace{\frac{2}{3}}(3x+4)^{\frac{3}{2}}+C = \frac{2}{9}(3x+4)\sqrt{3x+4}+C$$

逆数の関係

といった計算ができます。ここでもし $(3x+4)^{\frac{3}{2}} = (3x+4)\sqrt{3x+4}$ の変形が難しく感じられる場合は

$$(3x+4)^{\frac{3}{2}} = (3x+4)^{1+\frac{1}{2}} = (3x+4)^{1}(3x+4)^{\frac{1}{2}} = (3x+4)\sqrt{3x+4}$$

とステップを踏んで考えてみてください。さらにまた，

$$\int \frac{dx}{\sqrt{3x+4}} = \int (3x+4)^{-\frac{1}{2}}\,dx = \frac{1}{3}\cdot\frac{1}{-\frac{1}{2}+1}(3x+4)^{-\frac{1}{2}+1}+C$$

$$= \frac{1}{3}\cdot\underbrace{2}(3x+4)^{\frac{1}{2}}+C = \frac{2}{3}\sqrt{3x+4}+C$$

逆数の関係

などと計算ができます。

練 習 問 題 3

次の計算をせよ。

① $\displaystyle\int \sqrt{2x+5}\,dx$

② $\displaystyle\int \sqrt{3x-7}\,dx$

③ $\displaystyle\int \frac{dx}{\sqrt{4x-5}}$

④ $\displaystyle\int \frac{dx}{\sqrt{5x+7}}$

では次に，$\sin 2x$ や $\cos(3x+1)$，そして e^{4x} といった関数を積分しましょう。これらも **合成関数の微分** がよく理解できていれば

$(\cos 2x)' = -2\sin 2x$ から

$$\int \sin 2x \, dx = -\cos 2x \times \frac{1}{2} + C = -\frac{1}{2}\cos 2x + C$$

$\{\sin(3x+1)\}' = 3\cos(3x+1)$ から

$$\int \cos(3x+1)\,dx = \sin(3x+1) \times \frac{1}{3} + C = \frac{1}{3}\sin(3x+1) + C$$

$(e^{4x})' = 4e^{4x}$ から

$$\int e^{4x}\,dx = e^{4x} \times \frac{1}{4} + C = \frac{1}{4}e^{4x} + C$$

などと計算できることがわかります。

たとえば，$\cos \bullet x$ を積分したいときは，まず $\sin \bullet x$ と書いてしまい，後で x の係数の逆数である $\dfrac{1}{\bullet}$ を掛けて「**調節する**」と考えればよいわけです。

$$\int \sin ax \, dx = -\frac{1}{a}\cos ax + C$$

$$\int e^{ax}\,dx = \frac{1}{a}e^{ax} + C$$

となります。これらはいくつか練習するうちに，感覚として自然と身についてくるので繰り返し計算しましょう。

例題 3

次の計算をせよ。

① $\displaystyle\int \sin 5x \, dx$ 　　② $\displaystyle\int \cos(4x-1)\,dx$ 　　③ $\displaystyle\int e^{2x+3}\,dx$

解き方

① $\displaystyle\int \sin 5x \, dx = -\frac{1}{\boxed{ア}}\cos 5x + C$

② $\displaystyle\int \cos(4x-1)\,dx = \dfrac{1}{\boxed{イ}}\sin(4x-1)+C$

③ $\displaystyle\int e^{2x+3}\,dx = \dfrac{1}{\boxed{ウ}}e^{2x+3}+C$

■

===== 練 習 問 題 **4** =====

次の計算をせよ。

① $\displaystyle\int \sin 6x\,dx$　　② $\displaystyle\int \sin(2x-1)\,dx$　　③ $\displaystyle\int \cos(3x+4)\,dx$

④ $\displaystyle\int e^{5x}\,dx$　　⑤ $\displaystyle\int e^{3x-5}\,dx$

では，今度は関数 $\dfrac{1}{\sqrt{4-x^2}}$，　$\dfrac{1}{x^2+9}$，　$\dfrac{1}{\sqrt{x^2-3}}$ を積分してみましょう。

$$\dfrac{1}{\sqrt{4-x^2}} = \dfrac{1}{\sqrt{2^2-x^2}}, \quad \dfrac{1}{x^2+9} = \dfrac{1}{x^2+3^2}$$

と変形して

$$\left(\mathrm{Sin}^{-1}\dfrac{x}{2}\right)' = \dfrac{1}{\sqrt{2^2-x^2}}, \quad \left(\mathrm{Tan}^{-1}\dfrac{x}{3}\right)' = \dfrac{1}{x^2+3^2}\cdot 3$$

であることを思い出すと

$$\int \dfrac{dx}{\sqrt{4-x^2}} = \int \dfrac{dx}{\sqrt{2^2-x^2}} = \mathrm{Sin}^{-1}\dfrac{x}{2}+C$$

$$\int \dfrac{dx}{x^2+9} = \int \dfrac{dx}{x^2+3^2} = \dfrac{1}{3}\mathrm{Tan}^{-1}\dfrac{x}{3}+C$$

であることがわかります。2つ目の積分は，$\mathrm{Tan}^{-1}\dfrac{x}{3}$ の前に $\dfrac{1}{3}$ がかかることを忘れないようにしましょう。また，3つ目の関数は

$$\left(\log\left|x+\sqrt{x^2-3}\right|\right)' = \dfrac{1}{\sqrt{x^2-3}}$$

から

$$\int \frac{dx}{\sqrt{x^2-3}} = \log\left|x+\sqrt{x^2-3}\right| + C$$

であることがわかります。

例 題 4

次の計算をせよ。

① $\displaystyle\int \frac{dx}{\sqrt{16-x^2}}$　　② $\displaystyle\int \frac{dx}{x^2+3}$　　③ $\displaystyle\int \frac{dx}{\sqrt{x^2+5}}$

解き方

① $\displaystyle\int \frac{dx}{\sqrt{16-x^2}} = \int \frac{dx}{\sqrt{\boxed{ア}^2-x^2}} = \mathrm{Sin}^{-1}\frac{x}{\boxed{イ}} + C$

② $\displaystyle\int \frac{dx}{x^2+3} = \int \frac{dx}{x^2+\left(\boxed{ウ}\right)^2} = \frac{1}{\boxed{エ}}\mathrm{Tan}^{-1}\frac{x}{\boxed{オ}} + C$

③ $\displaystyle\int \frac{dx}{\sqrt{x^2+5}} = \log\left|\boxed{\qquad カ \qquad}\right| + C$

練 習 問 題 5

次の計算をせよ。

① $\displaystyle\int \frac{dx}{\sqrt{9-x^2}}$　　② $\displaystyle\int \frac{dx}{\sqrt{2-x^2}}$　　③ $\displaystyle\int \frac{dx}{x^2+2}$

④ $\displaystyle\int \frac{dx}{x^2+5}$　　⑤ $\displaystyle\int \frac{dx}{\sqrt{x^2+7}}$　　⑥ $\displaystyle\int \frac{dx}{\sqrt{x^2-6}}$

たとえば $\displaystyle\int \dfrac{dx}{\sqrt{4-x^2}}$ を計算するとき，本来は $\displaystyle\int \dfrac{dx}{\sqrt{4\left(1-\dfrac{x^2}{4}\right)}} = \int \dfrac{\dfrac{1}{2}}{\sqrt{1-\left(\dfrac{x}{2}\right)^2}}\, dx$ と変形

して，原始関数 $\mathrm{Sin}^{-1}\dfrac{x}{2}$ を導くのです。また，$\displaystyle\int \dfrac{dx}{x^2+3}$ を計算するときは $\displaystyle\int \dfrac{dx}{3\left(1+\dfrac{x^2}{3}\right)}$

$= \displaystyle\int \dfrac{\dfrac{1}{\sqrt{3}}}{1+\left(\dfrac{x}{\sqrt{3}}\right)^2}\cdot\dfrac{1}{\sqrt{3}}\, dx$ と変形して原始関数 $\dfrac{1}{\sqrt{3}}\mathrm{Tan}^{-1}\dfrac{x}{\sqrt{3}}$ を導くのです。

では，$\displaystyle\int \dfrac{dx}{\sqrt{-x^2+2x}}$ や $\displaystyle\int \dfrac{dx}{x^2-4x+6}$，$\displaystyle\int \dfrac{dx}{\sqrt{x^2-6x+10}}$ といった計算はどうすればよ

いのでしょうか？

これらはまず，分母に含まれる**2次式を平方完成**します。

$$-x^2+2x = -\left(x^2-2x\right) = -\left\{\left(x-1\right)^2-1\right\} = -\left(x-1\right)^2+1 = 1^2-\left(x-1\right)^2$$

$$x^2-4x+6 = \left(x-2\right)^2+2 = \left(x-2\right)^2+\left(\sqrt{2}\right)^2$$

$$x^2-6x+10 = \left(x-3\right)^2+1$$

ですから

$$\int \dfrac{dx}{\sqrt{-x^2+2x}} = \int \dfrac{dx}{\sqrt{1^2-\left(x-1\right)^2}}$$

となるのですが，基本公式 $\displaystyle\int \dfrac{dx}{\sqrt{1-x^2}} = \mathrm{Sin}^{-1}x + C$ において，x を **$x-1$** と考えて

$$\int \dfrac{dx}{\sqrt{1^2-\left(x-1\right)^2}} = \mathrm{Sin}^{-1}\left(x-1\right)+C$$

となり，これが求める答えとなります。同様にして

$$\int \dfrac{dx}{x^2-4x+6} = \int \dfrac{dx}{\left(x-2\right)^2+\left(\sqrt{2}\right)^2}$$

は，基本公式 $\displaystyle\int \dfrac{dx}{x^2+a^2} = \dfrac{1}{a}\mathrm{Tan}^{-1}\dfrac{x}{a} + C$ において，x を **$x-2$**，a を **$\sqrt{2}$** と考えて

$$\int \dfrac{dx}{\left(x-2\right)^2+\left(\sqrt{2}\right)^2} = \dfrac{1}{\sqrt{2}}\mathrm{Tan}^{-1}\dfrac{x-2}{\sqrt{2}} + C$$

が求めるものとなります。また

$$\int \frac{dx}{\sqrt{x^2-6x+10}} = \int \frac{dx}{\sqrt{(x-3)^2+1}}$$

は，基本公式 $\int \frac{dx}{\sqrt{x^2+A}} = \log\left|x+\sqrt{x^2+A}\right| + C$ において，x を $\boldsymbol{x-3}$，A を $\boldsymbol{1}$ と考えて

$$\int \frac{dx}{\sqrt{(x-3)^2+1}} = \log\left|x-3+\sqrt{(x-3)^2+1}\right| + C$$

$$= \log\left(x-3+\sqrt{x^2-6x+10}\right) + C$$

が答えとなります。真数の根号内をもとに戻しましょう。$x^2-6x+10=(x-3)^2+1>0$ より絶対値記号を外して（　　）と書いてかまいません。

　いずれの場合も**平方完成**を行って，基本公式の形に帰着させることが大切です。

例題 5

次の計算をせよ。

① $\displaystyle\int \frac{dx}{\sqrt{-x^2+4x}}$　　② $\displaystyle\int \frac{dx}{x^2-4x+8}$　　③ $\displaystyle\int \frac{dx}{\sqrt{x^2+2x+2}}$

解き方

① $\displaystyle\int \frac{dx}{\sqrt{-x^2+4x}} = \int \frac{dx}{\sqrt{-(x^2-4x)}} = \int \frac{dx}{\sqrt{\boxed{}^2-(x-2)^2}} = \mathrm{Sin}^{-1}\frac{\boxed{}}{\boxed{}} + C$

② $\displaystyle\int \frac{dx}{x^2-4x+8} = \int \frac{dx}{(x-2)^2+2^2} = \frac{1}{\boxed{}}\mathrm{Tan}^{-1}\frac{\boxed{}}{\boxed{}} + C$

③ $\displaystyle\int \frac{dx}{\sqrt{x^2+2x+2}} = \int \frac{dx}{\sqrt{(x+1)^2+\boxed{}}} = \log\left(\boxed{} + \sqrt{\boxed{}}\right) + C$

練 習 問 題 ⑥

次の計算をせよ。

① $\displaystyle\int \frac{dx}{\sqrt{4x+6-x^2}}$

② $\displaystyle\int \frac{dx}{\sqrt{3+2x-x^2}}$

③ $\displaystyle\int \frac{dx}{x^2+x+1}$

④ $\displaystyle\int \frac{dx}{x^2-x+3}$

⑤ $\displaystyle\int \frac{dx}{\sqrt{x^2+x+1}}$

⑥ $\displaystyle\int \frac{dx}{\sqrt{3x^2-3x+1}}$

ここで1つ，有名な公式を紹介しましょう。$a>0$ のとき

$$\int \frac{dx}{x^2-a^2} = \frac{1}{2a}\log\left|\frac{x-a}{x+a}\right| + C$$

です。被積分関数は**部分分数分解**して

$$\frac{1}{x^2-a^2} = \frac{1}{2a}\left(\frac{1}{x-a} - \frac{1}{x+a}\right)$$

となります（読者はこの右辺を通分して左辺と等しくなることを確かめてください）。そして，右辺を**項別積分**すると

$$\int \frac{dx}{x^2-a^2} = \frac{1}{2a}\int \left(\frac{1}{x-a} - \frac{1}{x+a}\right)dx$$

$$= \frac{1}{2a}\big(\log|x-a| - \log|x+a|\big) + C = \frac{1}{2a}\log\left|\frac{x-a}{x+a}\right| + C$$

となります。たとえば

$$\int \frac{dx}{x^2-1} = \frac{1}{2}\int \left(\frac{1}{x-1} - \frac{1}{x+1}\right)dx = \frac{1}{2}\big(\log|x-1| - \log|x+1|\big)$$

$$= \frac{1}{2}\log\left|\frac{x-1}{x+1}\right| + C$$

となります。ほかにも

$$\int \frac{dx}{x^2-9} = \frac{1}{6}\int \left(\frac{1}{x-3} - \frac{1}{x+3}\right)dx = \frac{1}{6}\left|\frac{x-3}{x+3}\right| + C$$

などと計算できます。

例 題 6

次の計算をせよ。

① $\displaystyle\int \frac{dx}{x^2-4}$　　　② $\displaystyle\int \frac{dx}{x^2-3}$　　　③ $\displaystyle\int \frac{dx}{x^2-4x+1}$

解き方

① $\displaystyle\int \frac{dx}{x^2-4} = \int \frac{dx}{(x-2)(x+2)} = \frac{1}{\boxed{\text{ア}}}\int \left(\frac{1}{x-2} - \frac{1}{x+2}\right)dx$

$$= \frac{1}{\boxed{\text{イ}}}\left(\log\left|\boxed{\quad\text{ウ}\quad}\right| - \log\left|\boxed{\quad\text{エ}\quad}\right|\right) + C = \frac{1}{\boxed{\text{オ}}}\log\left|\boxed{\quad\text{カ}\quad}\right| + C$$

② $\displaystyle\int \frac{dx}{x^2-3} = \int \frac{dx}{(x-\sqrt{3})(x+\sqrt{3})} = \frac{1}{\boxed{\text{キ}}}\int \left(\frac{1}{x-\sqrt{3}} - \frac{1}{x+\sqrt{3}}\right)dx$

$$= \frac{1}{\boxed{\text{ク}}}\left(\log\left|\boxed{\quad\text{ケ}\quad}\right| - \log\left|\boxed{\quad\text{コ}\quad}\right|\right) + C = \frac{1}{\boxed{\text{サ}}}\log\left|\boxed{\quad\text{シ}\quad}\right| + C$$

③ $\displaystyle\int \frac{dx}{x^2-4x+1} = \int \frac{dx}{(x-2)^2-3} = \int \frac{dx}{\{(x-2)-\sqrt{3}\}\{(x-2)+\sqrt{3}\}}$

$$= \frac{1}{\boxed{\text{ス}}}\int \left(\frac{1}{x-2-\sqrt{3}} - \frac{1}{x-2+\sqrt{3}}\right)dx$$

$$= \frac{1}{\boxed{\text{セ}}}\log\left|\boxed{\quad\text{ソ}\quad}\right| + C$$

練習問題 7

次の計算をせよ。

① $\displaystyle\int \frac{dx}{x^2-9}$　　② $\displaystyle\int \frac{dx}{x^2-2}$　　③ $\displaystyle\int \frac{dx}{x^2+6x+8}$

④ $\displaystyle\int \frac{dx}{x^2-x-6}$　　⑤ $\displaystyle\int \frac{5}{9x^2-4}dx$

次に，関数 $\dfrac{2x+3}{x^2+3x}$ を積分してみましょう。この関数の式をよく観察すると

$$\frac{2x+3}{x^2+3x}=\frac{\left(x^2+3x\right)'}{x^2+3x} \quad \Longleftarrow \quad \frac{（分母)'}{分母}$$

となっていることがわかります。合成関数の微分で

$$\left(\log|f(x)|\right)'=\frac{f'(x)}{f(x)}$$

という公式があったことを思い出しましょう。つまり

$$\int \frac{2x+3}{x^2+3x}\,dx=\int \frac{\left(x^2+3x\right)'}{x^2+3x}\,dx=\log\left|x^2+3x\right|+C$$

であることがわかります。ほかにもたとえば

$$\int \frac{2x+4}{x^2+4x+5}\,dx=\int \frac{\left(x^2+4x+5\right)'}{x^2+4x+5}\,dx=\log\left(x^2+4x+5\right)+C$$

などと計算できます。この積分の場合，関数の分母は $x^2+4x+5=(x+2)^2+1>0$ なので，対数の真数に**絶対値記号はいらない**ことに注意しましょう。

例題 7

次の計算をせよ。

① $\displaystyle\int \frac{2x}{x^2+4}dx$　　② $\displaystyle\int \frac{4x+2}{1+x+x^2}dx$　　③ $\displaystyle\int \frac{\cos x}{\sin x}dx$

【解き方】

① $\displaystyle\int\frac{2x}{x^2+4}dx=\int\frac{\left(x^2+4\right)'}{x^2+4}dx=\log\left(\boxed{\text{ア}}\right)+C$

② $\displaystyle\int\frac{4x+2}{1+x+x^2}dx=\int 2\cdot\frac{\left(1+x+x^2\right)'}{1+x+x^2}dx=2\log\left(\boxed{\text{イ}}\right)+C$

③ $\displaystyle\int\frac{\cos x}{\sin x}dx=\int\frac{\left(\sin x\right)'}{\sin x}dx=\boxed{\text{ウ}}+C$

■

練 習 問 題 8

次の計算をせよ。

① $\displaystyle\int\frac{x}{2x^2+3}dx$　　　　② $\displaystyle\int\frac{x^2}{x^3+3}dx$

③ $\displaystyle\int\frac{\cos x}{a+b\sin x}dx\quad(b\neq 0)$　　　④ $\displaystyle\int\frac{e^x-e^{-x}}{e^x+e^{-x}}dx$

1.2 有理関数の積分

これまでのすべての知識を駆使する"有理関数の積分"について述べましょう。

多項式 $f(x)=a_n x^n+a_{n-1}x^{n-1}+\cdots+a_1 x+a_0\ (a_n\neq 0)$ に対して，n を $f(x)$ の次数といいます。$f(x)$，$g(x)$ が多項式のとき

$$\frac{f(x)}{g(x)}$$

の形をした関数を**有理関数**といいます。たとえば

$$\frac{x^3}{x^2-1}$$

という有理関数を積分してみましょう。まず，（分子の次数）＜（分母の次数）となるように，$x^3 \div (x^2-1)$ の割り算をします。右の計算より

$$\frac{x^3}{x^2-1} = x + \frac{x}{x^2-1}$$

$$x^2-1\overline{\smash{\big)}\,x^3}$$
$$\underline{x^3-x}$$
$$x$$

ですね。この右辺を**項別積分**しましょう。

$$\int \frac{x^3}{x^2-1}dx = \int \left(x + \frac{x}{x^2-1}\right)dx$$

$$= \int x\,dx + \int \frac{x}{x^2-1}dx = \int x\,dx + \int \frac{1}{2}\frac{(x^2-1)'}{x^2-1}dx$$

$$= \frac{1}{2}x^2 + \frac{1}{2}\log|x^2-1| + C$$

となります。なお2項目は $\frac{1}{2}\log|x+1| + \frac{1}{2}\log|x-1|$ と書いてもかまいません。

次に関数

$$\frac{1}{x^2-5x+6}$$

を積分してみましょう。

これはまず，**分母を因数分解して**

$$x^2-5x+6 = (x-2)(x-3)$$

となるのですが

$$\frac{1}{x^2-5x+6} = \frac{1}{(x-2)(x-3)} = \frac{A}{x-2} + \frac{B}{x-3}$$

とおいて分母を払うと

$$1 = A(x-3) + B(x-2)$$
$$\therefore 1 = (A+B)x + (-3A-2B)$$

を得ます。これが x についての**恒等式**となるので，係数を比較して

$$A+B = 0,\quad -3A-2B = 1$$
$$\therefore A = -1,\ B = 1$$

となります。よって**部分分数分解**

$$\frac{1}{x^2-5x+6} = \frac{-1}{x-2} + \frac{1}{x-3} \tag{1.1}$$

を得て，求める不定積分は

$$\int \frac{1}{x^2 - 5x + 6} dx = \int \left(\frac{-1}{x-2} + \frac{1}{x-3} \right) dx$$

$$= -\int \frac{dx}{x-2} + \int \frac{dx}{x-3}$$

$$= -\log|x-2| + \log|x-3| + C$$

となります。「部分分数分解」の式(1.1)が大切ですね。

注意すべき点があります。分子が1以外の1次式であっても，たとえば

$$\frac{2x-3}{x^2-5x+6}$$

という関数を部分分数分解するときにも

$$\frac{2x-3}{x^2-5x+6} = \frac{2x-3}{(x-2)(x-3)} = \frac{A}{x-2} + \frac{B}{x-3}$$

とおくのです。そして分母を払い

$$2x-3 = A(x-3) + B(x-2)$$

$$\therefore 2x-3 = (A+B)x + (-3A-2B)$$

よって

$$A+B = 2, \quad -3A-2B = -3$$

$$\therefore A = -1, \quad B = 3$$

を得ますから，求める不定積分は

$$\int \frac{2x-3}{x^2-5x+6} dx = \int \left(\frac{-1}{x-2} + \frac{3}{x-3} \right) dx = -\log|x-2| + 3\log|x-3| + C$$

となるのです。

一般に，$\alpha \neq \beta$ のとき

$$\frac{ax+b}{(x-\alpha)(x-\beta)} = \frac{A}{x-\alpha} + \frac{B}{x-\beta}$$

とおいて部分分数に分解できるのですね。

ただし，**分母がxの1次式の積で表せないときは注意してください。**たとえば

$$\int \frac{dx}{x^2+2x+3} = \int \frac{dx}{(x+1)^2 + (\sqrt{2})^2} = \frac{1}{\sqrt{2}} \mathrm{Tan}^{-1} \frac{x+1}{\sqrt{2}} + C$$

といった積分計算のしかたに気をつけましょう。

例 題 8

次の関数を積分せよ。

① $\dfrac{3x}{x^2-x-2}$　　　　② $\dfrac{x-1}{x^2-x-6}$

解き方

① 分母を因数分解すると $x^2-x-2=(x-2)(x+1)$ より

$$\frac{3x}{x^2-x-2}=\frac{A}{x-2}+\frac{B}{x+1}$$

とおいて分母を払うと

$$3x=A(x+1)+B(x-2)$$
$$\therefore 3x=(A+B)x+(A-2B)$$

これが x の恒等式だから

$$A+B=\boxed{\ \text{ア}\ },\quad A-2B=\boxed{\ \text{イ}\ }$$

これらより

$$A=\boxed{\ \text{ウ}\ },\quad B=\boxed{\ \text{エ}\ }$$

よって

$$\int\frac{3x}{x^2-x-2}dx=\boxed{\ \text{オ}\ }\int\frac{dx}{x-2}+\boxed{\ \text{カ}\ }\int\frac{dx}{x+1}$$

$$=\boxed{\qquad\qquad\qquad\text{キ}\ }+C$$

② 分母を因数分解すると $x^2-x-6=(x+2)(x-3)$ より

$$\frac{x-1}{x^2-x-6}=\frac{A}{x+2}+\frac{B}{x-3}$$

とおいて分母を払うと

$$x-1=A(x-3)+B(x+2)$$
$$\therefore x-1=(A+B)x+(-3A+2B)$$

これが x の恒等式だから

$$A+B=\boxed{\ \text{ク}\ },\quad -3A+2B=\boxed{\ \text{ケ}\ }$$

これらより

$$A=\boxed{\ \text{コ}\ },\quad B=\boxed{\ \text{サ}\ }$$

よって

$$\int \frac{x-1}{x^2-x-6}dx = \boxed{} \int \frac{dx}{x+2} + \boxed{} \int \frac{dx}{x-3}$$

$$= \boxed{\phantom{\hspace{6cm}セ}} + C$$

■

練習問題 9

次の関数を積分せよ。

① $\dfrac{1}{x^2+5x+4}$ 　　② $\dfrac{8}{x^2+12x+20}$ 　　③ $\dfrac{3x+2}{x^2-x-2}$

④ $\dfrac{2x+1}{x^2-3x-4}$ 　　⑤ $\dfrac{x^3+2}{x^2-1}$

では次に，関数 $\dfrac{1}{x^3-1}$ を積分してみましょう。まず分母を因数分解すると

$$x^3-1=(x-1)(x^2+x+1)$$

と (1次式)×(2次式) の形の積になります。部分分数分解したいのですが

$$\frac{1}{(x-1)(x^2+x+1)}=\frac{A}{x-1}+\frac{B}{x^2+x+1}$$

とおいて分母を払うと

$$1=A(x^2+x+1)+B(x-1)$$
$$\therefore 1=Ax^2+(A+B)x+(A-B)$$

すなわち

$$A=0,\ \ A+B=0,\ \ A-B=1$$

より「解なし」になってしまいます。

実は分母が (1次式)×(2次式) の形に因数分解される多項式に対しては

$$\frac{1}{(x-1)(x^2+x+1)}=\frac{A}{x-1}+\frac{Bx+C}{x^2+x+1}$$

のように，**分母が2次式のときには，分子を1次式とおく必要がある**のです。そして分母を払うと

$$1 = A(x^2 + x + 1) + (Bx + C)(x - 1)$$
$$\therefore \ 1 = (A + B)x^2 + (A - B + C)x + (A - C)$$

ここから

$$A + B = 0, \quad A - B + C = 0, \quad A - C = 1$$

第1式から $B = -A$，第3式から $C = A - 1$，これらを第2式に代入して

$$A - B + C = A - (-A) + (A - 1) = 3A - 1 = 0 \qquad \therefore A = \frac{1}{3}$$

$$\therefore B = -\frac{1}{3}, \quad C = -\frac{2}{3}$$

よって

$$\frac{1}{(x-1)(x^2+x+1)} = \frac{1}{3} \cdot \frac{1}{x-1} - \frac{1}{3} \cdot \frac{x+2}{x^2+x+1}$$

と部分分数分解できました。これらを**項別積分**しましょう。

$$\int \frac{dx}{x^3 - 1} = \frac{1}{3} \int \frac{dx}{x-1} - \frac{1}{3} \int \frac{x+2}{x^2+x+1} dx$$

1項目は

$$\int \frac{dx}{x-1} = \log|x-1|$$

2項目は

$$\int \frac{x+2}{x^2+x+1} dx = \int \left\{ \frac{1}{2} \cdot \frac{(2x+1)-1}{x^2+x+1} + \frac{2}{x^2+x+1} \right\} dx$$

$$= \frac{1}{2} \int \frac{(x^2+x+1)'}{x^2+x+1} dx + \frac{3}{2} \int \frac{dx}{x^2+x+1}$$

$$= \frac{1}{2} \log(x^2+x+1) + \frac{3}{2} \int \frac{dx}{\left(x+\frac{1}{2}\right)^2 + \left(\frac{\sqrt{3}}{2}\right)^2}$$
$$(\bigstar)$$

$(\bigstar)\ x^2 + x + 1 = \left(x + \frac{1}{2}\right)^2 + \frac{3}{4} > 0$ より絶対値記号は外れる

$$= \frac{1}{2} \log(x^2+x+1) + \frac{3}{2} \cdot \frac{1}{\frac{\sqrt{3}}{2}} \mathrm{Tan}^{-1} \frac{x+\frac{1}{2}}{\frac{\sqrt{3}}{2}}$$

$$\longrightarrow \ 1 \div \frac{\sqrt{3}}{2} = 1 \times \frac{2}{\sqrt{3}} = \frac{2}{\sqrt{3}}$$

$$= \frac{1}{2}\log\left(x^2 + x + 1\right) + \sqrt{3}\,\mathrm{Tan}^{-1}\frac{2x+1}{\sqrt{3}}$$

よって求める不定積分は

$$\int \frac{dx}{x^3 - 1} = \frac{1}{3}\log|x-1| - \frac{1}{3}\left\{\frac{1}{2}\log\left(x^2+x+1\right) + \sqrt{3}\,\mathrm{Tan}^{-1}\frac{2x+1}{\sqrt{3}}\right\} + C$$

$$= \frac{1}{3}\log|x-1| - \frac{1}{6}\log\left(x^2+x+1\right) - \frac{\sqrt{3}}{3}\mathrm{Tan}^{-1}\frac{2x+1}{\sqrt{3}} + C$$

となります。

　なお，同様にして関数 $\dfrac{1}{x^3+1} = \dfrac{1}{(x+1)(x^2-x+1)}$ も積分できて原始関数は

$$\int \frac{dx}{x^3+1} = \frac{1}{3}\log|x+1| - \frac{1}{6}\log\left(x^2-x+1\right) + \frac{\sqrt{3}}{3}\mathrm{Tan}^{-1}\frac{2x-1}{\sqrt{3}} + C$$

となります。ぜひ確かめてみてください。

例題 9

関数 $\dfrac{5x-1}{x^3+x^2-2}$ を積分せよ。

解き方　　分母を因数分解すると $x^3 + x^2 - 2 = (x-1)\left(x^2+2x+2\right)$ より

$$\frac{5x-1}{x^3+x^2-2} = \frac{5x-1}{(x-1)\left(x^2+2x+2\right)} = \frac{A}{x-1} + \frac{Bx+C}{x^2+2x+2}$$

とおいて分母を払うと

$$5x - 1 = A\left(x^2+2x+2\right) + (Bx+C)(x-1)$$

$$\therefore\ 5x - 1 = (A+B)x^2 + (2A - B + C)x + (2A - C)$$

係数を比較して

$$A + B = \boxed{\ \ ア\ \ },\quad 2A - B + C = \boxed{\ \ イ\ \ },\quad 2A - C = \boxed{\ \ ウ\ \ }$$

第1式から $B = \boxed{\qquad エ}$，第3式から $C = \boxed{\qquad オ}$，これを第2式に代入して A を求める。

$$A = \boxed{\text{カ}}, \quad B = \boxed{\text{キ}}, \quad C = \boxed{\text{ク}}$$

$$\therefore \int \frac{5x-1}{x^3+x^2-2}\,dx = \boxed{\text{ケ}} \int \frac{dx}{x-1} - \frac{1}{5}\int \frac{\boxed{\text{コ}}}{x^2+2x+2}\,dx$$

1項目を積分すると

$$\boxed{\text{サ}} \int \frac{dx}{x-1} = \boxed{\qquad\text{シ}\qquad}$$

2項目を積分すると

$$-\frac{1}{5}\int \frac{\boxed{\qquad\text{ス}\qquad}}{x^2+2x+2}\,dx = -\frac{1}{5}\cdot\frac{\boxed{\text{セ}}\left(x^2+2x+2\right)' - \boxed{\text{ソ}}}{x^2+2x+2}\,dx$$

$$= -\frac{\boxed{\text{タ}}}{5}\int \frac{\left(x^2+2x+2\right)'}{x^2+2x+2}\,dx + \frac{\boxed{\text{チ}}}{5}\int \frac{dx}{(x+1)^2 + \boxed{\text{ツ}}}$$

$$= -\frac{2}{5}\boxed{\qquad\text{テ}\qquad} + \frac{\boxed{\text{ト}}}{5}\mathrm{Tan}^{-1}\left(\boxed{\qquad\text{ナ}\qquad}\right)$$

$$\therefore \int \frac{5x-1}{x^3+x^2-2}\,dx = \boxed{\qquad\qquad\text{ニ}\qquad\qquad} + C$$

練習問題 ❿

1　次の手順にしたがって，関数 $\dfrac{x}{x^3+8}$ を積分せよ。

① 分母を因数分解して $\dfrac{x}{x^3+8}=\dfrac{x}{(1次式)(2次式)}=\dfrac{A}{(1次式)}+\dfrac{Bx+C}{(2次式)}$

としたとき，A，B，Cの値を求めよ。

② $I_1=\displaystyle\int\dfrac{A}{(1次式)}dx$ とおくとき，I_1を求めよ。

③ $I_2=\displaystyle\int\dfrac{Bx+C}{(2次式)}dx$ とおくとき，I_2を求めよ。

④ ②，③より $\displaystyle\int\dfrac{x}{x^3+8}dx$ を求めよ。

2　関数 $\dfrac{x}{x^3-1}$ を積分せよ。

3　関数 $\dfrac{1-x}{x+x^2+x^3}$ を積分せよ。

では，これまでよりももっと複雑な有理関数として

$$\frac{x^2+x-1}{x(x-2)(x+3)}, \quad \frac{x^2}{(x+1)^2(x-2)}, \quad \frac{2x}{(x+1)(x^2+1)^2}$$

などは，どのように部分分数分解するのでしょうか？

$$\frac{x^2+x-1}{x(x-2)(x+3)}=\frac{A}{x}+\frac{B}{x-2}+\frac{C}{x+3}$$

$$\frac{x^2}{(x+1)^2(x-2)}=\frac{A}{(x+1)^2}+\frac{B}{x-2}$$

$$\frac{2x}{(x+1)(x^2+1)^2}=\frac{A}{x+1}+\frac{Bx+C}{(x^2+1)^2}$$

とおけばよいのでしょうか？

　結論からいうと，1つ目の式のおき方は正しく，後の2つの式は間違っているのです。つまり後の2つは，右辺をこのようにおくと**部分分数には分解できない**のです。

　では"正しい式のおき方"はどのような形をしているのでしょうか？

　ここで，部分分数に分解するときの有用な定理を紹介したいのですが，準備として次の定理を証明なしにかいておきます。

定理 1.2　代数学の基本定理

　実数係数の多項式 $P(x)$ は，実数係数の1次式 $(x-a)$ および判別式が負となる2次式 x^2+px+q の積として

$$P(x)=a(x-a_1)^{l_1}(x-a_2)^{l_2}\cdots(x-a_s)^{l_s}$$
$$\cdot(x^2+p_1x+q_1)^{m_1}(x^2+p_2x+q_2)^{m_2}\cdots(x^2+p_tx+q_t)^{m_t}$$

と一意的に表される。

　ここで，「判別式が負となる」とは2次方程式 $x^2+px+q=0$ において $p^2-4q<0$ となることを意味するものとします。このとき2次式 x^2+px+q は実数の範囲では x の**1次式の積に因数分解することができない**のです。

　また，「**一意的に**」という言葉は数学ではよく用いられるのですが，「**一通りに**」という意味です。

たとえば3次式 $x^3+6x^2+11x+6$ は

$$x^3+6x^2+11x+6=(x+1)(x+2)(x+3)$$

と，異なる3つの1次式の積に因数分解され，3次式 x^3+3x^2+3x+1 は

$$x^3+3x^2+3x+1=(x+1)^3$$

とただ1つの1次式に因数分解されます。また x^3+1 は

$$x^3+1=(x+1)(x^2-x+1)$$

と1つの1次式と1つの2次式の積で表され，右辺の2次式 x^2-x+1 は実数の範囲ではこれ以上因数分解できないのです。$x^2-x+1=0$ という2次方程式を考えると，その判別式 D は，$D=(-1)^2-4\cdot1=-3<0$ となって，負の値をとります。

「代数学の基本定理」は，実数係数のどんな多項式も，x の1次式および2次式の積に因数分解され，したがって3次以上の因数は出現しないことを主張しているのです。

この定理によって，有理関数の分母の多項式は，常に2次以下の多項式の積に因数分解されることが保証されました。なお，この定理の証明には，一般には複素関数論という進んだ理論が必要となります。

$P(x)$，$Q(x)$ を多項式とします。（$P(x)$ の次数）＞（$Q(x)$ の次数）のとき，$P(x)$ を $Q(x)$ で割って，商を $R(x)$，余りを $P_1(x)$ とすれば

$$\frac{P(x)}{Q(x)}=R(x)+\frac{P_1(x)}{Q(x)}$$

の形になります。$P_1(x)$ は $Q(x)$ より次数の低い多項式となります。また，分母の多項式 $Q(x)$ は 定理1.2 「代数学の基本定理」より，2次以下の多項式の積すなわち

$$(x-a)^l \quad \text{と} \quad (x^2+px+q)^m$$

の形の多項式の積で表されます。

では，有用な定理を紹介しましょう。

定理1.3　部分分数分解

$\dfrac{P_1(x)}{Q(x)}$ は，$\dfrac{A}{(x-a)^l}$ と $\dfrac{Bx+C}{(x^2+px+q)^m}$ の形の分数式の和として常に一意的に表すことができる。

$\dfrac{x^2+x-1}{x(x-2)(x+3)}$ は分母がすべて x の1次式ですから

$$\dfrac{x^2+x-1}{x(x-2)(x+3)}=\dfrac{A}{x}+\dfrac{B}{x-2}+\dfrac{C}{x+3}$$

とおけます。

$\dfrac{x^2}{(x+1)^2(x-2)}$ は分母がすべて x の1次式であり，$(x+1)^2$ という因数があるので

$$\dfrac{x^2}{(x+1)^2(x-2)}=\dfrac{A}{x+1}+\dfrac{B}{(x+1)^2}+\dfrac{C}{x-2}$$

とおけます。

$\dfrac{2x}{(x+1)(x^2+1)^2}$ は分母に x の2次式の因数があるので

$$\dfrac{2x}{(x+1)(x^2+1)^2}=\dfrac{A}{x+1}+\dfrac{Bx+C}{x^2+1}+\dfrac{Dx+E}{(x^2+1)^2}$$

とおきます。このようにおくと，それぞれ部分分数に分解することができます。

一般に，（分子の次数）<（分母の次数）で $p^2-4q<0$ のとき

$$\dfrac{P_1(x)}{(x-a)^l(x^2+px+q)^m}=\dfrac{A_1}{x-a}+\dfrac{A_2}{(x-a)^2}+\cdots+\dfrac{A_l}{(x-a)^l}$$

$$+\dfrac{B_1x+C_1}{x^2+px+q}+\dfrac{B_2x+C_2}{(x^2+px+q)^2}+\cdots+\dfrac{B_mx+C_m}{(x^2+px+q)^m}$$

とおいて，部分分数に分解することができます。右辺は

　　分母が $(1次式)^l$ → 分子は定数

　　分母が $(2次式)^m$ → 分子は1次式

の形におくことをおさえておきましょう。

それでは上の3つの有理関数を，実際に積分してみましょう。

関数 $\dfrac{x^2+x-1}{x(x-2)(x+3)}$ を部分分数に分解して積分しましょう。

$$\dfrac{x^2+x-1}{x(x-2)(x+3)}=\dfrac{A}{x}+\dfrac{B}{x-2}+\dfrac{C}{x+3}$$

とおいて分母を払うと

$$x^2+x-1=A(x-2)(x+3)+Bx(x+3)+Cx(x-2)$$

となり，右辺を x の降べきの順に整理して，左辺と係数を比較してもよいのですが，**未定係数法**で求めてみましょう。

$$x=0 \text{ として } -1 = -6A \qquad \therefore A = \frac{1}{6}$$

$$x=2 \text{ として } 5 = 10B \qquad \therefore B = \frac{1}{2}$$

$$x=-3 \text{ として } 5 = 15C \qquad \therefore C = \frac{1}{3}$$

ですから

$$\frac{x^2+x-1}{x(x-2)(x+3)} = \frac{1}{6}\cdot\frac{1}{x} + \frac{1}{2}\cdot\frac{1}{x-2} + \frac{1}{3}\cdot\frac{1}{x+3}$$

となります。この両辺を積分して

$$\int \frac{x^2+x-1}{x(x-2)(x+3)} dx = \frac{1}{6}\int\frac{dx}{x} + \frac{1}{2}\int\frac{dx}{x-2} + \frac{1}{3}\int\frac{dx}{x+3}$$

$$= \frac{1}{6}\log|x| + \frac{1}{2}\log|x-2| + \frac{1}{3}\log|x+3| + C$$

が求める原始関数です。

　では，例題を解いてみましょう。

例題 10

　関数 $\dfrac{3x^2+10x+11}{(x+1)(x+2)(x+3)}$ を積分せよ。

解き方　与えられた関数を部分分数に分解する。

$$\frac{3x^2+10x+11}{(x+1)(x+2)(x+3)} = \frac{A}{x+1} + \frac{B}{x+2} + \frac{C}{x+3}$$

とおいて分母を払うと

$$3x^2+10x+11 = A(x+2)(x+3) + B(x+1)(x+3) + C(x+1)(x+2)$$

となる。これは x の恒等式であるので，x の値は何であっても成立する。

$$x=-1 \text{ として } 4 = 2A \qquad \therefore A = \boxed{}_{\text{ア}}$$

$x = -2$ として　$\boxed{イ} = -B$　　　　$\therefore B = \boxed{ウ}$

$x = -3$ として　$\boxed{エ} = 2C$　　　　$\therefore C = \boxed{オ}$

よって求める原始関数は

$$\int \frac{3x^2 + 10x + 11}{(x+1)(x+2)(x+3)}\,dx = \boxed{カ}\int \frac{dx}{x+1} - \boxed{キ}\int \frac{dx}{x+2} + \boxed{ク}\int \frac{dx}{x+3}$$

$$= \boxed{ケ} + C$$

■

練習問題 11

次の関数を積分せよ。

① $\dfrac{-2x^2 + x + 41}{(x-1)(x+3)(x+4)}$　　　② $\dfrac{2x^2 - 5x + 17}{(x+2)(x-3)(x-5)}$

次に関数 $\dfrac{x^2}{(x+1)^2(x-2)}$ を積分しましょう。

$$\frac{x^2}{(x+1)^2(x-2)} = \frac{A}{x+1} + \frac{B}{(x+1)^2} + \frac{C}{x-2} \quad (\bigstar)$$

とおいて分母を払うと

> (★) の右辺は
> $$\frac{Ax + B}{(x+1)^2} + \frac{C}{x-2}$$
> とおいてもよい

$$x^2 = A(x+1)(x-2) + B(x-2) + C(x+1)^2$$

となり

$x = -1$ として $1 = -3B$　　　$\therefore B = -\dfrac{1}{3}$

$x = 2$ として $4 = 9C$　　　$\therefore C = \dfrac{4}{9}$

これらをもとの式に代入して

$$x^2 = A(x+1)(x-2) - \frac{1}{3}(x-2) + \frac{4}{9}(x+1)^2$$

x^2 の係数を比較して $A + \dfrac{4}{9} = 1$ より $A = \dfrac{5}{9}$，求める積分は

$$\int \frac{x^2}{(x+1)^2(x-2)}dx = \frac{5}{9}\int \frac{dx}{x+1} - \frac{1}{3}\int \frac{dx}{(x+1)^2} + \frac{4}{9}\int \frac{dx}{x-2}$$

$$= \frac{5}{9}\log|x+1| + \frac{1}{3}\cdot\frac{1}{x+1} + \frac{4}{9}\log|x-2| + C$$

となります。

例 題 11

　関数 $\dfrac{x^2 + 2x + 3}{(x+1)(x+2)^2}$ を積分せよ。

解き方

$$\frac{x^2 + 2x + 3}{(x+1)(x+2)^2} = \frac{A}{x+1} + \frac{B}{x+2} + \frac{C}{(x+2)^2}$$

とおいて分母を払うと

$$x^2 + 2x + 3 = A(x+2)^2 + B(x+1)(x+2) + C(x+1) \tag{1.2}$$

$x = -1$ として $A = \boxed{}_{ア}$

$x = -2$ として $C = \boxed{}_{イ}$

これらを式 (1.2) に代入し，右辺を整理して定数項を比較すると

$$3 = 4A + 2B + C$$

$$\therefore B = \boxed{}_{ウ}$$

よって求める積分は

$$\int \frac{x^2 + 2x + 3}{(x+1)(x+2)^2}dx = \boxed{}_{エ}\int \frac{dx}{x+1} - \boxed{}_{オ}\int \frac{dx}{x+2} - \boxed{}_{カ}\int \frac{dx}{(x+2)^2}$$

$$= \boxed{}_{キ} + C$$

練 習 問 題 ⑫

次の関数を積分せよ。

① $\dfrac{3x+1}{(x-1)^2(x+3)}$

② $\dfrac{x^3+1}{x(x-1)^3}$

　もっと複雑な関数，たとえば $\dfrac{1}{(x-2)^2(x-3)^3}$ はどうやって部分分数に分解すると思いますか？　これは

$$\frac{1}{(x-2)^2(x-3)^3} = \frac{A}{x-2} + \frac{B}{(x-2)^2} + \frac{C}{x-3} + \frac{D}{(x-3)^2} + \frac{E}{(x-3)^3}$$

とおいて分母を払うと

$$1 = A(x-2)(x-3)^3 + B(x-3)^3 + C(x-2)^2(x-3)^2 + D(x-2)^2(x-3) + E(x-2)^2$$

$x = 2$ として $B = -1$

$x = 3$ として $E = 1$

$x = 1$ として $1 = 8A - 8B + 4C - 2D + E$

$x = 4$ として $1 = 2A + B + 4C + 4D + 4E$

$x = 0$ として $1 = 54A - 27B + 36C - 12D + 4E$

$\therefore A = -3,\ C = 3,\ D = -2$

よって求める積分は

$$\int \frac{dx}{(x-2)^2(x-3)^3} = \int \left\{ \frac{-3}{x-2} + \frac{-1}{(x-2)^2} + \frac{3}{x-3} + \frac{-2}{(x-3)^2} + \frac{1}{(x-3)^3} \right\} dx$$

$$= -3\int \frac{dx}{x-2} - \int \frac{dx}{(x-2)^2} + 3\int \frac{dx}{x-3} - 2\int \frac{dx}{(x-3)^2} + \int \frac{dx}{(x-3)^3}$$

$$= -3\log|x-2| + \frac{1}{x-2} + 3\log|x-3| + \frac{2}{x-3} - \frac{1}{2(x-3)^2} + C$$

となります。

　分母が複雑になると，部分分数に分解するのに手間がかかりますね。

一般に，$a \neq b$ のとき

$$\frac{1}{(x-a)^2(x-b)^3} = \frac{1}{(a-b)^4}\left\{\frac{-3}{x-a} + \frac{a-b}{(x-a)^2} + \frac{3}{x-b} + \frac{2(a-b)}{(x-b)^2} + \frac{(a-b)^2}{(x-b)^3}\right\}$$

となりますが，この公式を覚える必要はありません。

練習問題 ⓭

関数 $\dfrac{x^2}{(1+x)^2(1-x)^2}$ を次の手順で積分せよ。

① $\dfrac{x^2}{(1+x)^2(1-x)^2} = \dfrac{A}{1+x} + \dfrac{B}{(1+x)^2} + \dfrac{C}{1-x} + \dfrac{D}{(1-x)^2}$

とおくとき，A, B, C, D を求めよ。

② この関数を積分せよ。

今度は，分母に x の2次式の因数を含む有理関数として，$\dfrac{1}{1-x^4}$ を積分してみましょう。
$1-x^4 = (1-x^2)(1+x^2)$ ですから

$$\frac{1}{1-x^4} = \frac{1}{(1-x^2)(1+x^2)} = \frac{1}{2}\left(\frac{1}{1-x^2} + \frac{1}{1+x^2}\right)$$

$$= \frac{1}{2}\left\{\frac{1}{(1-x)(1+x)} + \frac{1}{1+x^2}\right\}$$

$$= \frac{1}{2}\left\{\frac{1}{2}\left(\frac{1}{1-x} + \frac{1}{1+x}\right) + \frac{1}{1+x^2}\right\}$$

$$= \frac{1}{4}\cdot\frac{1}{1-x} + \frac{1}{4}\cdot\frac{1}{1+x} + \frac{1}{2}\cdot\frac{1}{1+x^2}$$

のようにして部分分数に分解することもできますが，例題では別のやり方で解いてみましょう。

例 題 12

関数 $\dfrac{1}{1-x^4}$ を積分せよ。

解き方

$$\frac{1}{1-x^4}=\frac{1}{\left(1-x^2\right)\left(1+x^2\right)}=\frac{1}{\left(1-x\right)\left(1+x\right)\left(1+x^2\right)} \quad \text{より}$$

$$\frac{1}{\left(1-x\right)\left(1+x\right)\left(1+x^2\right)}=\frac{A}{1-x}+\frac{B}{1+x}+\frac{Cx+D}{1+x^2}$$

とおいて分母を払うと

$$1=A\left(1+x\right)\left(1+x^2\right)+B\left(1-x\right)\left(1+x^2\right)+\left(Cx+D\right)\left(1-x\right)\left(1+x\right)$$

$x=1$ として $1=4A$ $\qquad\qquad \therefore A=\boxed{}$

$x=-1$ として $1=4B$ $\qquad\qquad \therefore B=\boxed{}$

$x=0$ として $1=A+B+D$ $\qquad \therefore D=\boxed{}$

両辺の x^3 の係数を比較して $A-B-C=0$ $\quad \therefore C=\boxed{}$

よって求める積分は

$$\int\frac{dx}{1-x^4}=\boxed{}\int\frac{dx}{1-x}+\boxed{}\int\frac{dx}{1+x}+\boxed{}\int\frac{dx}{1+x^2}$$

$$=\boxed{}+C$$

=== 練 習 問 題 ⒁ ===

次の関数を積分せよ。

① $\dfrac{1}{x^2\left(x-1\right)^2}$

② $\dfrac{x^2}{x^4+x^2-2}$

次に関数 $\dfrac{x-2}{\left(x-1\right)^2\left(x^2-x+1\right)}$ を積分してみましょう。分母の2次式に注意して

$$\frac{x-2}{\left(x-1\right)^2\left(x^2-x+1\right)}=\frac{A}{x-1}+\frac{B}{\left(x-1\right)^2}+\frac{Cx+D}{x^2-x+1}$$

とおきます。分母を払って

$$x-2=A\left(x-1\right)\left(x^2-x+1\right)+B\left(x^2-x+1\right)+\left(Cx+D\right)\left(x-1\right)^2$$

ここで，$x=1$ とおくと，右辺は1項目と3項目が0になりますから

$$-1=B$$

を得ます。これを上式に代入して整理すると

$$x^2-1=A\left(x-1\right)\left(x^2-x+1\right)+\left(Cx+D\right)\left(x-1\right)^2$$

右辺を x の降べきの順に整理して

$$x^2-1=\left(A+C\right)x^3+\left(-2A-2C+D\right)x^2+\left(2A+C-2D\right)x+\left(-A+D\right)$$

係数を比較して

$$
\begin{aligned}
A+\ C\quad\ &=\ 0 \quad\cdots① \\
-2A-2C+\ D\ &=\ 1 \quad\cdots② \\
2A+\ C-2D\ &=\ 0 \quad\cdots③ \\
-\ A\quad\ +\ D\ &=-1 \quad\cdots④
\end{aligned}
$$

式①より $C=-A$，式④より $D=-1+A$ となり，これらを式②（または式③）に代入して

$$A=2,\ C=-2,\ D=1$$

となります。したがって，求める不定積分は

$$\int \frac{x-2}{(x-1)^2(x^2-x+1)}dx = 2\int \frac{dx}{x-1} - \int \frac{dx}{(x-1)^2} - \int \frac{2x-1}{x^2-x+1}dx$$

$$= 2\log|x-1| + \frac{1}{x-1} - \int \frac{\left(x^2-x+1\right)'}{x^2-x+1}dx$$

$$= 2\log|x-1| + \frac{1}{x-1} - \log\left(x^2-x+1\right) + C$$

となります。

では，例題にチャレンジしてください。

例 題 13

関数 $\dfrac{x^2}{(x-1)^2(x^2+1)}$ を積分せよ。

解き方

$$\frac{x^2}{(x-1)^2(x^2+1)} = \frac{A}{x-1} + \frac{B}{(x-1)^2} + \frac{Cx+D}{x^2+1}$$

とおいて分母を払うと

$$x^2 = A(x-1)(x^2+1) + B(x^2+1) + (Cx+D)(x-1)^2$$

$x=1$ として $B = \boxed{\text{ア}}$

$x=0$ として $0 = -A+B+D$ $\qquad\qquad \therefore -A+D = \boxed{\text{イ}}$

$x=-1$ として $1 = -4A+2B+4(-C+D)$ $\qquad \therefore -A-C+D = \boxed{\text{ウ}}$

$x=2$ として $4 = 5A+5B+2C+D$ $\qquad \therefore 10A+4C+2D = \boxed{\text{エ}}$

よって $A = \boxed{\text{オ}}$, $C = \boxed{\text{カ}}$, $D = \boxed{\text{キ}}$ より求める不定積分は

$$\int \frac{x^2}{(x-1)^2(x^2+1)}dx = \boxed{\text{ク}}\int \frac{dx}{x-1} + \boxed{\text{ケ}}\int \frac{dx}{(x-1)^2} - \boxed{\text{コ}}\int \frac{x}{x^2+1}dx$$

$$= \boxed{\text{サ}} - \boxed{\text{シ}}\int \frac{1}{2}\cdot\frac{\left(x^2+1\right)'}{x^2+1}dx$$

$$= \boxed{\text{ス}} + C$$

では少々難しい計算になりますが，関数 $\dfrac{2x}{(x+1)(x^2+1)^2}$ を積分してみましょう。

分母に $(x^2+1)^2$ という2次式の2乗の関数がありますね。この関数に注意して

$$\frac{2x}{(x+1)(x^2+1)^2} = \frac{A}{x+1} + \frac{Bx+C}{x^2+1} + \frac{Dx+E}{(x^2+1)^2}$$

とおいて分母を払うと

$$2x = A(x^2+1)^2 + (Bx+C)(x+1)(x^2+1) + (Dx+E)(x+1)$$

$x=-1$ とすると $A = -\dfrac{1}{2}$ となります。これを上式に代入して整理すると

$$\frac{1}{2}x^4 + x^2 + 2x + \frac{1}{2} = (Bx+C)(x+1)(x^2+1) + (Dx+E)(x+1)$$

右辺の1項目で，x^4 の係数は B であるから，左辺と係数を比較して $B = \dfrac{1}{2}$，x^3 の係数は $B+C$ であり，左辺に x^3 の項はないから $B+C=0$，$\therefore C = -\dfrac{1}{2}$

これらを上式に代入すると

$$\frac{1}{2}x^4 + x^2 + 2x + \frac{1}{2} = \frac{1}{2}(x-1)(x+1)(x^2+1) + (Dx+E)(x+1)$$

$$= \frac{1}{2}(x^4-1) + Dx^2 + (D+E)x + E$$

x^2 の係数を比較して $D=1$，x の係数を比較して $D+E=2$ より $E=1$，よって

$$\frac{2x}{(x+1)(x^2+1)^2} = -\frac{1}{2}\cdot\frac{1}{x+1} + \frac{1}{2}\cdot\frac{x-1}{x^2+1} + \frac{x+1}{(x^2+1)^2}$$

となります。部分分数に分解するだけでもなかなか大変ですね。

ところで，右辺の3項目をながめてみましょう。分母が $(x^2+1)^2$ という2次式の2乗の形になっています。この3項目を積分するとき

$$\int \frac{1}{(x^2+1)^2}dx$$

という計算をする必要があるのですが，実はこれは後で述べる**部分積分法から得られる漸化式**を用いて，積分することができます。先回りして漸化式を書いておきましょう。詳しくは71ページを読んでください。

$a > 0$ のとき $I_n = \displaystyle\int \frac{dx}{\left(x^2 + a^2\right)^n}$ とおくと

$$I_n = \int \frac{dx}{\left(x^2 + a^2\right)^n} = \frac{1}{2(n-1)a^2}\left\{ \frac{x}{\left(x^2 + a^2\right)^{n-1}} + (2n-3)I_{n-1} \right\} \qquad (n \geqq 2)$$

この漸化式で $a = 1$, $n = 2$ とすると

$$I_2 = \int \frac{dx}{\left(x^2 + 1^2\right)^2} = \frac{1}{2}\left(\frac{x}{x^2 + 1} + \int \frac{dx}{x^2 + 1} \right) = \frac{1}{2} \cdot \frac{x}{x^2 + 1} + \frac{1}{2}\mathrm{Tan}^{-1}x$$

を得ます。

では，先ほどの関数を積分してみましょう。

$$\int \frac{2x}{(x+1)\left(x^2+1\right)^2}\,dx = -\frac{1}{2}\int \frac{dx}{x+1} + \frac{1}{2}\int \frac{x-1}{x^2+1}\,dx + \int \frac{x+1}{\left(x^2+1\right)^2}\,dx$$

であり

$$I' = \int \frac{dx}{x+1}, \quad I'' = \int \frac{x-1}{x^2+1}\,dx, \quad I''' = \int \frac{x+1}{\left(x^2+1\right)^2}\,dx$$

とおいて，1つずつ積分していきます。

$$I' = \int \frac{dx}{x+1} = \log|x+1|$$

$$I'' = \int \frac{x-1}{x^2+1}\,dx = \int \frac{x}{x^2+1}\,dx - \int \frac{dx}{x^2+1} = \int \frac{1}{2} \cdot \frac{\left(x^2+1\right)'}{x^2+1}\,dx - \mathrm{Tan}^{-1}x$$

$$= \frac{1}{2}\log\left(x^2+1\right) - \mathrm{Tan}^{-1}x$$

ですね。いよいよ I''' です。

$$I''' = \int \frac{x+1}{\left(x^2+1\right)^2}\,dx = \int \frac{x}{\left(x^2+1\right)^2}\,dx + \int \frac{dx}{\left(x^2+1\right)^2}$$

であって，1項目は $\left(\dfrac{1}{x^2+1}\right)' = \dfrac{-2x}{\left(x^2+1\right)^2}$ であることに気づけば

$$\int \frac{x}{\left(x^2+1\right)^2}\,dx = -\frac{1}{2} \cdot \frac{1}{x^2+1}$$

となることがわかります。2項目は先ほど漸化式を用いて求めた I_2 ですね。

I''' は結局

$$I''' = \int \frac{x}{\left(x^2+1\right)^2} dx + \int \frac{dx}{\left(x^2+1\right)^2}$$

$$= -\frac{1}{2} \cdot \frac{1}{x^2+1} + \frac{1}{2} \cdot \frac{x}{x^2+1} + \frac{1}{2} \mathrm{Tan}^{-1} x$$

です。よって求める不定積分は

$$\int \frac{2x}{\left(x+1\right)\left(x^2+1\right)^2} dx = -\frac{1}{2}I' + \frac{1}{2}I'' + I'''$$

$$= -\frac{1}{2}\log|x+1| + \frac{1}{2}\left\{\frac{1}{2}\log\left(x^2+1\right) - \mathrm{Tan}^{-1} x\right\}$$

$$-\frac{1}{2} \cdot \frac{1}{x^2+1} + \frac{1}{2} \cdot \frac{x}{x^2+1} + \frac{1}{2}\mathrm{Tan}^{-1} x + C$$

$$= -\frac{1}{2}\log|x+1| + \frac{1}{4}\log\left(x^2+1\right) + \frac{x-1}{2\left(x^2+1\right)} + C$$

となります。I''' の計算が最も難しいですね。漸化式も使いこなす必要があります。この種の計算をもう1つ練習してみましょう。

関数 $\dfrac{x-1}{\left(x^2-x+1\right)^2}$ を積分してみましょう。これは部分分数に分解するのではなく，**漸化式が使える形に変形する**のです。

$$\frac{x-1}{\left(x^2-x+1\right)^2} = \frac{1}{2} \cdot \frac{\left(2x-1\right)-1}{\left(x^2-x+1\right)^2} = \frac{1}{2} \cdot \frac{2x-1}{\left(x^2-x+1\right)^2} - \frac{1}{2} \cdot \frac{1}{\left(x^2-x+1\right)^2}$$

ですから

$$\int \frac{x-1}{\left(x^2-x+1\right)^2} dx = \frac{1}{2}\int \frac{2x-1}{\left(x^2-x+1\right)^2} dx - \frac{1}{2}\int \frac{dx}{\left(x^2-x+1\right)^2}$$

と書けて，1項目は分母の（　　　）内の2次式を微分すると分子の1次式になるので

$$\int \frac{2x-1}{\left(x^2-x+1\right)^2} dx = -\frac{1}{x^2-x+1}$$

であることがわかります。右辺に**マイナスの符号がつく**ことに注意しましょう。

2項目は

$$\frac{1}{\left(x^2-x+1\right)^2}=\frac{1}{\left\{\left(x-\dfrac{1}{2}\right)^2+\left(\dfrac{\sqrt{3}}{2}\right)^2\right\}^2}$$

と分母を平方完成してから漸化式

$$I_n=\int\frac{dx}{\left(x^2+a^2\right)^n}=\frac{1}{2(n-1)a^2}\left\{\frac{x}{\left(x^2+a^2\right)^{n-1}}+(2n-3)I_{n-1}\right\}$$

において，$n=2$，$a=\dfrac{\sqrt{3}}{2}$，$x\to x-\dfrac{1}{2}$ の場合を考えると

$$\int\frac{dx}{\left(x^2-x+1\right)^2}=\int\frac{dx}{\left\{\left(x-\dfrac{1}{2}\right)^2+\left(\dfrac{\sqrt{3}}{2}\right)^2\right\}^2}$$

$$=\frac{1}{2\cdot\dfrac{3}{4}}\left(\frac{x-\dfrac{1}{2}}{x^2-x+1}+\int\frac{dx}{x^2-x+1}\right)$$

$$=\frac{2}{3}\left\{\frac{x-\dfrac{1}{2}}{x^2-x+1}+\int\frac{dx}{\left(x-\dfrac{1}{2}\right)^2+\left(\dfrac{\sqrt{3}}{2}\right)^2}\right\}$$

$$=\frac{2}{3}\left(\frac{x-\dfrac{1}{2}}{x^2-x+1}+\frac{1}{\dfrac{\sqrt{3}}{2}}\mathrm{Tan}^{-1}\frac{x-\dfrac{1}{2}}{\dfrac{\sqrt{3}}{2}}\right)$$

$$=\frac{1}{3}\left(\frac{2x-1}{x^2-x+1}+\frac{4}{\sqrt{3}}\mathrm{Tan}^{-1}\frac{2x-1}{\sqrt{3}}\right)$$

となります。したがって求める積分は

$$\int\frac{x-1}{\left(x^2-x+1\right)^2}\,dx=\frac{1}{2}\left(-\frac{1}{x^2-x+1}\right)-\frac{1}{2}\cdot\frac{1}{3}\left(\frac{2x-1}{x^2-x+1}+\frac{4}{\sqrt{3}}\mathrm{Tan}^{-1}\frac{2x-1}{\sqrt{3}}\right)$$

$$=\left(-\frac{1}{2}-\frac{2x-1}{6}\right)\frac{1}{x^2-x+1}-\frac{2}{3\sqrt{3}}\mathrm{Tan}^{-1}\frac{2x-1}{\sqrt{3}}$$

$$=-\frac{1}{3}\cdot\frac{x+1}{x^2-x+1}-\frac{2}{3\sqrt{3}}\mathrm{Tan}^{-1}\frac{2x-1}{\sqrt{3}}$$

となります。

第 2 章

置換積分法と部分積分法

$$\int \sqrt{a^2 - x^2}\, dx$$
$$= \frac{1}{2}\left(x\sqrt{a^2 - x^2} + a^2 \operatorname{Sin}^{-1}\frac{x}{a}\right)$$

2.1 置換積分法

　以前登場した関数を，別の方法で積分してみましょう。たとえば関数$2\cos(2x+3)$を積分するとき，三角関数の微分と**合成関数の微分**を用いて

$$\int 2\cos(2x+3)dx = \int \cos(2x+3)\cdot 2\,dx = \int \cos(2x+3)\cdot(2x+3)'\,dx$$
$$= \int \{\sin(2x+3)\}'\,dx \qquad (2.1)$$

なので，求める原始関数は

$$\int 2\cos(2x+3)dx = \sin(2x+3)+C$$

となります。ここで$\cos(2x+3)$は少々複雑な形をしていますね。

　$(\sin t)'=\cos t$なので，**見かけを簡単にするために**

$$t=2x+3$$

と置き換えてみましょう。すると，$(2x+3)'=2$は$\dfrac{dt}{dx}=2$と表現できて式(2.1)の1行目は

$$\int 2\cos(2x+3)dx = \int \cos t\cdot \frac{dt}{dx}dx$$

となります。ここで◯で囲んだ部分は，もし分母および分子と考えると約分できて

$$\int \cos t\cdot \frac{dt}{dx}dx = \int \cos t\,dt = \sin t+C$$

となり，再びtをxの式に戻して

$$\sin(2x+3)+C$$

という答えを得るのです。初めから続けて書いてみましょう。

　$t=2x+3$とおくと$\dfrac{dt}{dx}=2$であって

$$\int 2\cos(2x+3)dx = \int \cos(2x+3)\cdot 2\,dx = \int \cos t\cdot \frac{dt}{dx}\cdot dx$$
　　　　　　　　　　　　　　　　　　　　　　　　　　見かけ上，約分
$$= \int \cos t\,dt = \sin t+C = \sin(2x+3)+C$$

となります。

　つまり，$t=2x+3$と**置換する**ことによって，関数$\cos(2x+3)$は単に$\cos t$という簡単な式になり，$\int \cos t\,dt = \sin t+C$としてから**再び$x$の式に戻す**のです。このとき，合成関数の微分における$(2x+3)'$の部分は

$$\frac{dt}{dx}dx = dt$$

となって，**dxどうしであたかも約分**されたかのように消えるのですね。本質的に，$\int \cos t\, dt$ の計算をすればよいことがわかって見通しがよくなるのです。

実は通常は $\frac{dt}{dx} = 2$ と書かずに，**あたかも分母を払うように考えて**
$$dt = 2dx$$
と書きます。こう書くと

$$\int 2\cos(2x+3)dx = \int \cos(2x+3)\cdot 2dx = \int \cos t\, dt$$

となって，先ほどの計算の ‑‑‑‑‑‑‑‑‑‑‑‑‑‑ の箇所を省略できます。つまり，**形式上は$2dx$にdtを代入すればよいのです。**

同様にして，たとえば $\int \sin(5x+3)dx$ は，$t = 5x+3$ とおくと $\frac{dt}{dx} = 5$ すなわち $dt = 5dx$，つまり $dx = \frac{1}{5}dt$ ですから

$$\int \sin(5x+3)dx = \int \sin t\cdot\frac{1}{5}dt = \frac{1}{5}\int \sin t\, dt = -\frac{1}{5}\cos t + C$$

$$= -\frac{1}{5}\cos(5x+3) + C$$

と計算できます。積分のdxという記号は，まさにこの**置換積分法**で威力を発揮するのですね。定理として述べておきましょう。

定理 2.1　置換積分法

$x = g(t)$ かつ，$g(t)$ が微分可能ならば
$$\int f(x)dx = \int f(g(t))g'(t)dt$$

$F(x)$ を $f(x)$ の不定積分とすると，**合成関数の微分法**より
$$(F(x))' = \frac{d}{dt}F(g(t)) = F'(g(t))\cdot g'(t) = f(g(t))g'(t)$$
より
$$\int f(g(t))g'(t)dt = F(g(t)) + C = F(x) + C = \int f(x)dx$$

となるのです。ここで

$$\int f(x)dx = \int f(g(t)) \cdot g'(t)dt = \int f(g(t)) \cdot \frac{dx}{dt}dt$$

と書くと，あたかも **dt** が約分されているように見えるのですね。

いくつか例を見てみましょう。

例1　$\dfrac{x}{x^2+3}$ の積分

$t = x^2 + 3$ とおくと $\dfrac{dt}{dx} = 2x$ より $dt = 2xdx$　$\therefore xdx = \dfrac{1}{2}dt$

$$\int \frac{x}{x^2+3}dx = \int \frac{1}{t} \cdot \frac{1}{2}dt = \frac{1}{2}\int \frac{dt}{t} = \frac{1}{2}\log|t| + C = \frac{1}{2}\log(x^2+3) + C$$

ここで真数は $x^2 + 3 > 0$ より絶対値記号は外れます。

例2　$x\sqrt{x+1}$ の積分

$t = \sqrt{x+1}$ とおくと，両辺を2乗して $t^2 = x+1$，xについて解くと $x = t^2 - 1$

$\therefore \dfrac{dx}{dt} = 2t$,　$\therefore dx = 2tdt$

$$\int x\sqrt{x+1}\,dx = \int (t^2-1) \cdot t \cdot 2tdt = \int 2t^2(t^2-1)dt = 2\int (t^4 - t^2)dt$$

$$= 2\left(\frac{1}{5}t^5 - \frac{1}{3}t^3\right) + C = \frac{2}{5}(\sqrt{x+1})^5 - \frac{2}{3}(\sqrt{x+1})^3 + C$$

$$= \frac{2}{5}(x+1)^2\sqrt{x+1} - \frac{2}{3}(x+1)\sqrt{x+1} + C$$

例3　$\sin^2 x \cos x$ の積分

$t = \sin x$ とおくと $\dfrac{dt}{dx} = \cos x$,　$\therefore dt = \cos xdx$

$$\int \sin^2 x \cos xdx = \int t^2\,dt = \frac{1}{3}t^3 + C = \frac{1}{3}\sin^3 x + C$$

例4　$\sin^3 x$ の積分

$t = \cos x$ とおくと $\dfrac{dt}{dx} = -\sin x$　$\therefore dt = -\sin xdx$

$$\int \sin^3 x\,dx = \int \sin^2 x \sin x\,dx = \int (1 - \cos^2 x)\sin x\,dx$$

$$= \int (1-t^2)(-dt) = \int (t^2-1)dt = \frac{1}{3}t^3 - t + C = \frac{1}{3}\cos^3 x - \cos x + C$$

いずれの積分も，**最後に元の関数に戻すこと**を忘れないようにしましょう。

例 題 **1**

次の関数を積分せよ。

① $\dfrac{x}{\left(x^2+1\right)^2}$　② $x\sqrt{1-x^2}$　③ $\cos^2 x \sin x$　④ $\cos^5 x$

解き方

① $t = x^2+1$ とおくと $dt = 2x\,dx$　$\therefore x\,dx = \boxed{\ \ ア\ \ }\,dt$

$$\int \frac{x}{\left(x^2+1\right)^2}dx = \int \frac{1}{t^2}\cdot\boxed{\ イ\ }dt = \boxed{\ ウ\ }\int \frac{dt}{t^2} = \boxed{\qquad エ\qquad} + C \quad(t\text{の式})$$

$$= \boxed{\qquad\quad オ\qquad\quad} + C \quad(x\text{の式})$$

② $t = 1-x^2$ とおくと $dt = \boxed{\qquad カ\qquad}dx$　$\therefore x\,dx = \boxed{\ キ\ }dt$

$$\int x\sqrt{1-x^2}\,dx = \int \sqrt{1-x^2}\,x\,dx = \int \sqrt{t}\left(\boxed{\ ク\ }\right)dt = \boxed{\ ケ\ }\int t^{\frac{1}{2}}dt$$

$$= \boxed{\qquad\quad コ\qquad\quad} + C \quad(t\text{の式})$$

$$= \boxed{\qquad\quad サ\qquad\quad} + C \quad(x\text{の式})$$

③ $t = \cos x$ とおくと $dt = \boxed{\qquad シ\qquad}dx$

$$\int \cos^2 x \sin x\,dx = \int t^2\left(\boxed{\qquad ス\qquad}\right)dt = -\int \boxed{\ セ\ }dx$$

$$= \boxed{\qquad\quad ソ\qquad\quad} + C \quad(t\text{の式})$$

$$= \boxed{\qquad\quad タ\qquad\quad} + C \quad(x\text{の式})$$

④　$t = \sin x$ とおくと $dt = \boxed{チ}\, dx$

$$\int \cos^5 x\, dx = \int \cos^4 x \cos x\, dx = \int \left(1 - \sin^2 x\right)^2 \cos x\, dx$$

$$= \int \left(\boxed{ツ}\right)^2 dt = \int \left(\boxed{テ}\right) dt$$

$$= \boxed{ト} + C \quad (t\text{の式})$$

$$= \boxed{ナ} + C \quad (x\text{の式})$$

■

練習問題 ❶

次の関数を積分せよ。

① $x\left(x^2 + 2\right)^2$　　② $x\sqrt{x+4}$　　③ $\dfrac{1}{\sqrt{x(x+1)}}$

④ $\sin^3 x \cos x$　　⑤ $e^x\left(1 + e^x\right)^2$　　⑥ xe^{x^2}

では，積分 $\displaystyle\int \dfrac{dx}{3 + 2\cos x}$ はどのように計算すればよいでしょうか？　$\cos x = t$ とおいても $-\sin x\, dx = dt$ となり，うまくいきません。実はこの関数は

$$\tan \frac{x}{2} = t$$

とおくと，うまく積分できるのです。三角関数の**2倍角の公式**を用いて，$\sin x$, $\cos x$, $\tan x$ を $\tan\dfrac{x}{2}$ すなわち t を使って表してみましょう。

$$\sin x = 2\sin\frac{x}{2}\cos\frac{x}{2} = \frac{2\sin\frac{x}{2}\cos\frac{x}{2}}{\boxed{\sin^2\frac{x}{2} + \cos^2\frac{x}{2}}} = \frac{2\tan\frac{x}{2}}{1 + \tan^2\frac{x}{2}} = \frac{2t}{1 + t^2}$$

$$\sin 2\theta = 2\sin\theta\cos\theta \qquad \sin^2\theta + \cos^2\theta = 1 \qquad \cos^2\frac{x}{2}\text{ で割る}$$

$$\cos x = \dfrac{\cos^2\dfrac{x}{2} - \sin^2\dfrac{x}{2}}{\boxed{\sin^2\dfrac{x}{2} + \cos^2\dfrac{x}{2}} = 1} = \dfrac{1-t^2}{1+t^2}$$

$\cos^2\dfrac{x}{2}$ で割る

$$\tan x = \dfrac{2\tan\dfrac{x}{2}}{1 - \tan^2\dfrac{x}{2}} = \dfrac{2t}{1-t^2}$$

ですね。さらに $\tan\dfrac{x}{2} = t$ の**両辺を x で微分する**と

$$\dfrac{1}{\cos^2\dfrac{x}{2}} \cdot \dfrac{1}{2}dx = dt \ \text{すなわち}\ dx = 2\cos^2\dfrac{x}{2}dt$$

さらに $\cos^2\dfrac{x}{2} = \dfrac{1}{1 + \tan^2\dfrac{x}{2}}$ ですから $dx = \dfrac{2}{1 + \tan^2\dfrac{x}{2}}dt = \dfrac{2}{1+t^2}dt$

よって $dx = \dfrac{2}{1+t^2}dt$ となります。まとめておきましょう。

定理 2.2 三角関数の置換

$\tan\dfrac{x}{2} = t$ とおくと $dx = \dfrac{2}{1+t^2}dt$

$$\sin x = \dfrac{2t}{1+t^2}, \quad \cos x = \dfrac{1-t^2}{1+t^2}, \quad \tan x = \dfrac{2t}{1-t^2}$$

それでは $\displaystyle\int \dfrac{dx}{3 + 2\cos x}$ を計算しましょう。$\tan\dfrac{x}{2} = t$ とおくと $\cos x = \dfrac{1-t^2}{1+t^2}$，また $dx = \dfrac{2}{1+t^2}dt$ ですから

$$\int \dfrac{dx}{3 + 2\cos x} = \int \dfrac{1}{3 + 2\cdot\dfrac{1-t^2}{1+t^2}} \cdot \dfrac{2}{1+t^2}dt = \int \dfrac{2}{3(1+t^2) + 2(1-t^2)}dt = \int \dfrac{2}{5+t^2}dt$$

$$= 2\int \dfrac{dt}{t^2 + (\sqrt{5})^2} = 2\cdot\dfrac{1}{\sqrt{5}}\mathrm{Tan}^{-1}\dfrac{t}{\sqrt{5}} + C = \dfrac{2}{\sqrt{5}}\mathrm{Tan}^{-1}\left(\dfrac{1}{\sqrt{5}}\tan\dfrac{x}{2}\right) + C$$

複雑な式ですね。t の式から x の式に戻すことを忘れないようにしましょう。さらにこの式はこれ以上簡単にできないと判断できることも大切です。

ではもう1つ，似た方法で解ける問題をやってみましょう。

$\displaystyle\int\frac{\sin x}{1+\sin x}dx$ を計算します。$\tan\dfrac{x}{2}=t$ とおくと $\sin x=\dfrac{2t}{1+t^2}$ より

$$\int\frac{\sin x}{1+\sin x}dx=\int\frac{\dfrac{2t}{1+t^2}}{1+\dfrac{2t}{1+t^2}}\cdot\frac{2}{1+t^2}dt=\int\frac{2t}{\left(1+t\right)^2}\cdot\frac{2}{1+t^2}dt$$

$$=4\int\frac{t}{\left(1+t^2\right)\left(1+t\right)^2}dt$$

ここで

$$\frac{t}{\left(1+t^2\right)\left(1+t\right)^2}=\frac{1}{2}\left\{\frac{1}{1+t^2}-\frac{1}{\left(1+t\right)^2}\right\}$$

であることを観察によって見抜くのは難しいかもしれませんが

$$\int\frac{\sin x}{1+\sin x}dx=2\int\left\{\frac{1}{1+t^2}-\frac{1}{\left(1+t\right)^2}\right\}dt=2\left(\mathrm{Tan}^{-1}t+\frac{1}{1+t}\right)+C$$

となり $\tan\dfrac{x}{2}=t \Leftrightarrow \mathrm{Tan}^{-1}t=\dfrac{x}{2}$ ですから結局

$$\int\frac{\sin x}{1+\sin x}dx=2\left(\frac{x}{2}+\frac{1}{1+\tan\dfrac{x}{2}}\right)+C=x+\frac{2}{1+\tan\dfrac{x}{2}}+C$$

を得ます。$\mathrm{Tan}^{-1}t=\dfrac{x}{2}$ という関係に気づくことが大切です。

例 題 2

$\displaystyle\int\frac{dx}{2+\cos x}$ を計算せよ。

解き方 $\tan\dfrac{x}{2}=t$ とおくと $\cos x=\dfrac{1-t^2}{1+t^2}$, $dx=\dfrac{2}{1+t^2}dt$ より

$$\int\frac{dx}{2+\cos x}=\int\frac{1}{2+\dfrac{1-t^2}{1+t^2}}\cdot\frac{2}{1+t^2}dt=\int\boxed{\ \ _{\text{ア}}\ \ }dt$$

$$=\boxed{\ _{\text{イ}}\ }\mathrm{Tan}^{-1}\boxed{\ _{\text{ウ}}\ }+C=\boxed{\qquad\qquad _{\text{エ}}\qquad\qquad}+C$$

===== 練 習 問 題 2 =====

次の計算をせよ。

① $\displaystyle\int\frac{2-\sin x}{2+\cos x}dx$ 　$\left[\dfrac{2-\sin x}{2+\cos x}=\dfrac{2}{2+\cos x}-\dfrac{\sin x}{2+\cos x}\right]$

② $\displaystyle\int\frac{dx}{\sin x-\cos x}$ 　　　③ $\displaystyle\int\frac{2}{1+\sin x+\cos x}dx$

例題および練習問題を通して気づいたかもしれませんが，三角関数の積分では，$\sin^m x\cos x$，$\cos^m x\sin x$ といった関数がよく現れます。これらは次のようにして積分できます。

[1] $\sin^m x\cos x$

$t=\sin x$ とおくと $dt=\cos x\,dx$

$$\int\sin^m x\cos x\,dx=\int t^m\,dt=\frac{1}{m+1}t^{m+1}+C=\frac{1}{m+1}\sin^{m+1}x+C$$

一般に，$\displaystyle\int f(\sin x)\cos x\,dx$ は $t=\sin x$ とおくと $F(\sin x)+C$ となります。

[2] $\cos^m x\sin x$

$t=\cos x$ とおくと $dt=-\sin x\,dx$

$$\int\cos^m x\sin x\,dx=\int t^m(-dt)=-\int t^m\,dt=-\frac{1}{m+1}t^{m+1}+C$$
$$=-\frac{1}{m+1}\cos^{m+1}x+C$$

一般に，$\displaystyle\int f(\cos x)\sin x\,dx$ は $t=\cos x$ とおくと $-F(\cos x)+C$ となります。

また，$\sin^2 x\cos^3 x$ のような関数は，$\sin^2 x\cos^2 x\cdot\cos x=\sin^2 x(1-\sin^2 x)\cdot\cos x$ と変形できて，$t=\sin x$ とおけば $dt=\cos x\,dx$ より

$$\int\sin^2 x\cos^3 x\,dx=\int\sin^2 x(1-\sin^2 x)\cos x\,dx=\int t^2(1-t^2)dt$$

$$=\int(t^2-t^4)dt=\frac{1}{3}t^3-\frac{1}{5}t^5+C=\frac{1}{3}\sin^3 x-\frac{1}{5}\sin^5 x+C$$

と積分できます。**cos** x **の偶数次の項がくくり出せるときは，$\cos^2 x = 1 - \sin^2 x$ を用いて** **sin** x **だけの式にできるので，この方法が使えます。**

同様に，$\sin^5 x$ は $t = \cos x$ とおけば $dt = -\sin x\, dx$ より

$$\int \sin^5 x\, dx = \int \sin^4 x \sin x\, dx = \int \left(1 - \cos^2 x\right)^2 \sin x\, dx = \int \left(1 - t^2\right)^2 \left(-dt\right)$$

$$= -\int \left(1 - 2t^2 + t^4\right) dt = -t + \frac{2}{3}t^3 - \frac{1}{5}t^5 + C$$

$$= -\cos x + \frac{2}{3}\cos^3 x - \frac{1}{5}\cos^5 x + C$$

と計算できます。**sin** x **の偶数次の項がくくり出せるときは，$\sin^2 x = 1 - \cos^2 x$ を用いて** **cos** x **だけの式にしてから置換します。**

例 題 3

次の計算をせよ。

① $\displaystyle\int \sin^7 x\, dx$ 　　　　　② $\displaystyle\int \cos^5 x\, dx$

解き方

① $\sin^7 x = \sin^6 x \cdot \sin x = \left(1 - \cos^2 x\right)^3 \sin x$ より

$t = \cos x$ とおくと $dt = -\sin x\, dx$ であって

$$\int \sin^7 x\, dx = \int \left(1 - \cos^2 x\right)^3 \sin x\, dx = \int \left(1 - t^2\right)^3 \left(-dt\right)$$

$$= -\int \left(\boxed{ \text{ア}} \right) dt$$

$$= -\left(\boxed{ \text{イ}} \right) + C \quad (t\text{の式})$$

$$= \boxed{ \text{ウ}} + C \quad (x\text{の式})$$

② $\cos^5 x = \cos^4 x \cdot \cos x = \left(1 - \sin^2 x\right)^2 \cos x$ より

$t = \sin x$ とおくと $dt = \cos x\, dx$

$$\int \cos^5 x\, dx = \int \left(1 - \sin^2 x\right)^2 \cos x\, dx = \int \left(1 - t^2\right)^2 dt$$

$$= \int \left(\boxed{ \text{エ}} \right) dt$$

$$= \boxed{ \text{オ}} + C \quad (t \text{の式})$$

$$= \boxed{ \text{カ}} + C \quad (x \text{の式})$$

■

2.2 部分積分法

本節では，置換積分法と並んで重要な**部分積分法**とよばれる計算法を紹介します。この方法を用いれば，$\displaystyle\int \sin^n x \, dx$，$\displaystyle\int \cos^n x \, dx$ といった積分計算を**漸化式**を導くことによって行うこともできます。また，1.2 節で証明なしに結果だけ先に述べて使った

$$\int \frac{dx}{\left(x^2 + a^2 \right)^n}$$

の漸化式をも導くことができます。

　基本となるのは**積の微分公式**です。$f(x)$，$g(x)$ がともに微分可能な関数であるとき

$$\left(f(x) g(x) \right)' = f'(x) g(x) + f(x) g'(x)$$

となるのでしたね。これは，$f(x) g(x)$ が右辺の関数 $f'(x) g(x) + f(x) g'(x)$ の原始関数であることを意味します。したがって

$$f(x) g(x) = \int \{ f'(x) g(x) + f(x) g'(x) \} dx$$

$$= \int f'(x) g(x) dx + \int f(x) g'(x) dx$$

であり，これから次の**部分積分法**の公式を導くことができます。

$$\int f'(x) g(x) dx = f(x) g(x) - \int f(x) g'(x) dx$$

$$\int f(x) g'(x) dx = f(x) g(x) - \int f'(x) g(x) dx$$

これらは簡潔に

$$\int f' g \, dx = fg - \int fg' \, dx, \quad \int fg' \, dx = fg - \int f'g \, dx$$

と書いたほうが記憶しやすいでしょう。いくつか例を見てみましょう。

例1 $\displaystyle\int \log x\,dx$

$\log x = 1 \cdot \log x = (x)' \log x$ であり，$f(x) = x$，$g(x) = \log x$ と考えて

$$\int \log x\,dx = \int \underset{f'}{(x)'}\,\underset{g}{\log x}\,dx = \underset{f}{x}\,\underset{g}{\log x} - \int \underset{f}{x}\,\underset{g'}{(\log x)'}\,dx$$

$$= x\log x - \int x \cdot \frac{1}{x}\,dx = x\log x - x + C$$

例2 $\displaystyle\int xe^x\,dx$

$xe^x = x(e^x)'$ であり，$f(x) = x$，$g(x) = e^x$ と考えると

$$\int xe^x\,dx = \int \underset{f}{x}\underset{g'}{(e^x)'}\,dx = \underset{fg}{xe^x} - \int \underset{f'}{(x)'}\underset{g}{e^x}\,dx$$

$$= xe^x - \int e^x\,dx = xe^x - e^x + C$$

例3 $\displaystyle\int x\cos x\,dx$

$x\cos x = x(\sin x)'$ であり，$f(x) = x$，$g(x) = \sin x$ と考えると

$$\int x\cos x\,dx = \int \underset{f}{x}\underset{g'}{(\sin x)'}\,dx = \underset{f}{x}\underset{g}{\sin x} - \int \underset{f'}{(x)'}\underset{g}{\sin x}\,dx$$

$$= x\sin x - \int \sin x\,dx = x\sin x + \cos x + C$$

例1 では，もともと $\log x$ という関数しかないのに，$x\log x$ という形を思いつく必要があるので，最初は難しく感じられるかもしれません。

例2 では，もし $xe^x = \left(\dfrac{1}{2}x^2\right)' e^x$ と考えてしまうと

$$\int xe^x\,dx = \int \underset{f'}{\left(\frac{1}{2}x^2\right)'}\underset{g}{e^x}\,dx = \underset{f}{\frac{1}{2}x^2}\underset{g}{e^x} - \int \underset{f}{\frac{1}{2}x^2}\underset{g'}{(e^x)'}\,dx = \frac{1}{2}x^2 e^x - \int \frac{1}{2}x^2 e^x\,dx$$

となって，2項目の積分が，x の次数が2次となり，もとの関数よりさらに高くなってしまいます。このような積分の計算は，x の次数が下がっていくように工夫しなければなりません。**例3** も同様で，$x\cos x = \left(\dfrac{1}{2}x^2\right)' \cos x$ と考えると，より複雑な関数を積分することになります。$\sin x$，$\cos x$，e^x といった関数が x にくっついている場合は，常に x の次数を下げる方向へと計算しましょう。

例 題 **4**

次の計算をせよ。

① $\displaystyle\int x \log x \, dx$　　② $\displaystyle\int x^2 e^x \, dx$　　③ $\displaystyle\int x \sin x \, dx$

解き方

① $x \log x = \left(\dfrac{1}{2}x^2\right)' \log x$ で $f(x)=\dfrac{1}{2}x^2$,　$g(x)=\log x$ と考えると

$$\int x \log x \, dx = \int \left(\dfrac{1}{2}x^2\right)' \log x \, dx = \dfrac{1}{2}x^2 \log x - \int \dfrac{1}{2}x^2 (\log x)' \, dx$$

$$= \dfrac{1}{2}x^2 \log x - \int \dfrac{1}{2}x^2 \cdot \boxed{} \, dx = \dfrac{1}{2}x^2 \log x - \int \boxed{} \, dx$$

$$= \boxed{} + C$$

② $x^2 e^x = x^2 (e^x)'$ で, $f(x)=x^2$, $g(x)=\boxed{}$ と考えると

$$\int x^2 e^x \, dx = \int x^2 (e^x)' \, dx = x^2 e^x - \int (x^2)' e^x \, dx = x^2 e^x - 2\int \boxed{} \, dx$$

ここで

$$\int x e^x \, dx = \boxed{} - \int (x)' e^x \, dx = \boxed{} - \int \boxed{} \, dx$$

$$= \boxed{}$$

より

$$\int x^2 e^x \, dx = x^2 e^x - 2\left(\boxed{}\right) + C$$

$$= \left(\boxed{}\right) e^x + C$$

③ $x \sin x = x(-\cos x)'$ で, $f(x)=\boxed{}$, $g(x)=\boxed{}$ と考えると

$$\int x \sin x \, dx = \int x(-\cos x)' \, dx = \boxed{} - \int (x)' (-\cos x) \, dx$$

$$= \boxed{} + \int \boxed{} \, dx = \boxed{} + C$$

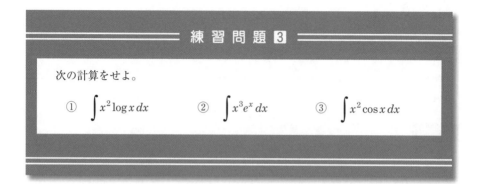

次に，部分積分法を用いて，いくつかの公式を導いてみましょう。微分法のところでも登場した公式ですが

$$\int \sqrt{a^2-x^2}\, dx\ \ (a>0), \quad \int \sqrt{x^2+A}\, dx\ \ (A \neq 0)$$

を計算してみましょう。

$\sqrt{a^2-x^2} = 1 \cdot \sqrt{a^2-x^2} = \left(x\right)' \sqrt{a^2-x^2}$ と考えて

$$\int \sqrt{a^2-x^2}\, dx = x\sqrt{a^2-x^2} - \int x\left(\sqrt{a^2-x^2}\right)' dx$$

$$= x\sqrt{a^2-x^2} - \int x \cdot \frac{1}{2} \cdot \frac{-2x}{\sqrt{a^2-x^2}}\, dx$$

$$= x\sqrt{a^2-x^2} + \int \frac{x^2}{\sqrt{a^2-x^2}}\, dx$$

となりますね。ここで2項目を工夫して変形します。

$$\int \frac{x^2}{\sqrt{a^2-x^2}}\, dx = -\int \frac{-x^2}{\sqrt{a^2-x^2}}\, dx = -\int \frac{\left(a^2-x^2\right)-a^2}{\sqrt{a^2-x^2}}\, dx \quad \text{←この変形がポイント}$$

$$= -\int \sqrt{a^2-x^2}\, dx + a^2 \int \frac{dx}{\sqrt{a^2-x^2}} = -\int \sqrt{a^2-x^2}\, dx + a^2 \operatorname{Sin}^{-1}\frac{x}{a}$$

となります。これを上式の2項目に代入して式を整理すると

$$2\int \sqrt{a^2-x^2}\, dx = x\sqrt{a^2-x^2} + a^2 \operatorname{Sin}^{-1}\frac{x}{a}$$

$$\therefore \int \sqrt{a^2 - x^2}\, dx = \frac{1}{2}\left(x\sqrt{a^2 - x^2} + a^2 \operatorname{Sin}^{-1} \frac{x}{a} \right)$$

この右辺は記憶するには複雑ですが，**導けるようになっておくこと**が大切です。

例 題 **5**

$\displaystyle\int \sqrt{x^2 + A}\, dx$ （$A \neq 0$）を計算せよ。

解き方

$\sqrt{x^2 + A} = 1 \cdot \sqrt{x^2 + A} = (x)' \sqrt{x^2 + A}$ と考えて部分積分法を用いると

$$\int \sqrt{x^2 + A}\, dx = \int (x)' \sqrt{x^2 + A}\, dx = \boxed{\qquad \text{ア} \qquad} - \int x \left(\sqrt{x^2 + A} \right)' dx$$

$$= \boxed{\qquad \text{ア} \qquad} - \int x \cdot \frac{1}{2} \cdot \frac{2x}{\sqrt{x^2 + A}}\, dx = \boxed{\qquad \text{ア} \qquad} - \int \frac{x^2}{\sqrt{x^2 + A}}\, dx$$

ここで2項目を変形して積分すると

$$\int \frac{(x^2 + A) - A}{\sqrt{x^2 + A}}\, dx = \boxed{\quad \text{イ} \quad} - A \int \frac{dx}{\sqrt{x^2 + A}} = \boxed{\quad \text{イ} \quad} - A \log \boxed{\quad \text{ウ} \quad}$$

であるから求める積分は

$$2 \boxed{\qquad \text{イ} \qquad} = \boxed{\qquad \text{ア} \qquad} + A \log \boxed{\qquad \text{ウ} \qquad}$$

から

$$\int \sqrt{x^2 + A}\, dx = \boxed{\qquad\qquad\qquad\qquad \text{エ} \qquad\qquad\qquad\qquad} + C$$

これと同様の方法で $\displaystyle\int \operatorname{Sin}^{-1} x\, dx,\quad \int \operatorname{Tan}^{-1} x\, dx$ も計算できます。

$$\left(\operatorname{Sin}^{-1} x \right)' = \frac{1}{\sqrt{1 - x^2}}, \quad \left(\operatorname{Tan}^{-1} x \right)' = \frac{1}{x^2 + 1}$$

であることを思い出して，次の練習問題を解いてください。

=== 練 習 問 題 ④ ===

次の問いに答えよ。

① $\mathrm{Sin}^{-1}x = (x)' \mathrm{Sin}^{-1}x$ であることを用いて $\displaystyle\int \mathrm{Sin}^{-1}x\,dx$ を求めよ。

② $\mathrm{Tan}^{-1}x = (x)' \mathrm{Tan}^{-1}x$ であることを用いて $\displaystyle\int \mathrm{Tan}^{-1}x\,dx$ を求めよ。

練習問題 ④ の①を解く際に

$$\int \frac{x}{\sqrt{1-x^2}}\,dx = -\sqrt{1-x^2} \quad\text{すなわち}\quad \int \frac{-x}{\sqrt{1-x^2}}\,dx = \sqrt{1-x^2}$$

という積分計算が必要ですが，この式は右辺を微分して左辺の被積分関数を導くように すると覚えられるので，できれば記憶してしまいましょう。

=== 練 習 問 題 ⑤ ===

次の関数を積分せよ。

① $\dfrac{x\,\mathrm{Sin}^{-1}x}{\sqrt{1-x^2}}$　　　　② $x\,\mathrm{Tan}^{-1}x$

　では次に，積分すると同じ形の関数が再び現れる，特徴のある関数を紹介しましょ う。たとえば関数 $e^{ax}\sin bx$ $(a \neq 0)$ を積分してみましょう。

$$I = \int e^{ax}\sin bx\,dx$$

とおいて，$f(x) = e^{ax}$, $g(x) = \sin bx$ とします。$f'(x) = ae^{ax}$, $g'(x) = b\cos bx$ で

$$I = \int e^{ax}\sin bx\,dx = \int \underset{f'}{\left(\frac{1}{a}e^{ax}\right)'}\,\underset{g}{\sin bx}\,dx$$

$$= \frac{1}{a} e^{ax} \sin bx - \int \left(\frac{1}{a} e^{ax} \right) b \cos bx \, dx$$
$$\quad\;\; f \quad\;\; g \qquad\qquad f \qquad\quad g'$$

$$= \frac{1}{a} e^{ax} \sin bx - \frac{b}{a} \int e^{ax} \cos bx \, dx \tag{2.2}$$

ここで右辺の2項目を見ると，$\int e^{ax} \cos bx \, dx$ といった，与えられた関数とよく似た式が出現しています。今度はこれを部分積分法で計算します。

$$\int e^{ax} \cos bx \, dx = \frac{1}{a} e^{ax} \cos bx - \int \frac{1}{a} e^{ax} (-b \sin x) dx$$
$$= \frac{1}{a} e^{ax} \cos bx + \frac{b}{a} \int e^{ax} \sin x \, dx$$
$$= \frac{1}{a} e^{ax} \cos bx + \frac{b}{a} I$$

再び右辺に I が出現しましたね。式 (2.2) に戻り，この右辺を代入して式を整理します。

$$I = \frac{1}{a} e^{ax} \sin bx - \frac{b}{a} \left(\frac{1}{a} e^{ax} \cos bx + \frac{b}{a} I \right)$$

$$\therefore \left(1 + \frac{b^2}{a^2} \right) I = \frac{1}{a^2} e^{ax} \left(a \sin bx - b \cos bx \right)$$

$$\therefore I = \frac{e^{ax}}{a^2 + b^2} \left(a \sin bx - b \cos bx \right)$$

同様の方法で $\int e^{ax} \cos bx \, dx$ も求められます。

なお，次のように**連立方程式**を導いて積分を求める方法もあります。

$$I_1 = \int e^{ax} \sin bx \, dx, \quad I_2 = \int e^{ax} \cos bx \, dx$$

とおきます。

$$I_1 = \int e^{ax} \sin bx \, dx = \frac{1}{a} e^{ax} \sin bx - \int \left(\frac{1}{a} e^{ax} \right) \cdot b \cos bx \, dx$$

$$= \frac{1}{a} e^{ax} \sin bx - \frac{b}{a} I_2$$

$$\therefore I_1 + \frac{b}{a} I_2 = \frac{1}{a} e^{ax} \sin bx \cdots\cdots ①$$

$$I_2 = \int e^{ax} \cos bx \, dx = \frac{1}{a} e^{ax} \cos bx - \int \frac{1}{a} e^{ax} \left(-b \sin bx \right) dx$$

$$= \frac{1}{a}e^{ax}\cos bx + \frac{b}{a}I_1$$

$$\therefore -\frac{b}{a}I_1 + I_2 = \frac{1}{a}e^{ax}\cos bx \cdots\cdots ②$$

式①と式②の分母をそれぞれ払って

$$aI_1 + bI_2 = e^{ax}\sin bx$$

$$-bI_1 + aI_2 = e^{ax}\cos bx$$

これらから

$$\left(a^2+b^2\right)I_1 = e^{ax}\left(a\sin bx - b\cos bx\right) \qquad \therefore I_1 = \frac{e^{ax}}{a^2+b^2}\left(a\sin bx - b\cos bx\right)$$

$$\left(a^2+b^2\right)I_2 = e^{ax}\left(b\sin bx + a\cos bx\right) \qquad \therefore I_2 = \frac{e^{ax}}{a^2+b^2}\left(b\sin bx + a\cos bx\right)$$

=== 練 習 問 題 6 ===

[1] $\int e^{2x}\sin 3x\,dx$ を次の2通りの方法で求めよ。

① $I = \int e^{2x}\sin 3x\,dx$ とおき,部分積分法を用いる。

② $I_1 = \int e^{2x}\sin 3x\,dx$, $I_2 = \int e^{2x}\cos 3x\,dx$ とおき連立方程式を導く。

[2] [1]の②から $\int e^{2x}\cos 3x\,dx$ の値を求めよ。

この練習問題を解いた後,このページで求めた $\int e^{ax}\sin bx\,dx$, $\int e^{ax}\cos bx\,dx$ で,$a=2$,$b=3$ とした値と一致するか確認してみましょう。

では,以前予告していた $\int \sin^n x\,dx$, $\int \cos^n x\,dx$ の積分を,部分積分法を用いて漸化式を導くことにより求めてみましょう。

$$I_n = \int \sin^n x\,dx$$

とおき，$\left(-\cos x\right)' = \sin x$ であることに注意して部分積分法を使います。

$$I_n = \int \sin^n x\, dx = \int \sin^{n-1} x \sin x\, dx = \int \sin^{n-1} x \left(-\cos x\right)' dx$$

$$= -\sin^{n-1} x \cos x + \int \left(\sin^{n-1} x\right)' \cos x\, dx$$

$$= -\sin^{n-1} x \cos x + \left(n-1\right) \int \sin^{n-2} x \cos^2 x\, dx$$

$$= -\sin^{n-1} x \cos x + \left(n-1\right) \int \sin^{n-2} x \left(1 - \sin^2 x\right) dx$$

$$= -\sin^{n-1} x \cos x + \left(n-1\right)\left(I_{n-2} - I_n\right)$$

ここから

$$nI_n = -\sin^{n-1} x \cos x + \left(n-1\right) I_{n-2}$$

よって $n \neq 0$ のとき**漸化式**

$$I_n = -\frac{1}{n}\sin^{n-1}x\cos x + \frac{n-1}{n} I_{n-2} \tag{2.3}$$

を得ます。同様にして $\int \cos^n x\, dx$ の漸化式を導くこともできます。

では，$n = 0$，1，2のときの I_n の値を求めてみましょう。

$n = 0$ のときは

$$I_0 = \int \sin^0 x\, dx = \int 1\, dx = x + C$$

$n = 1$ のときは

$$I_1 = \int \sin^1 x\, dx = \int \sin x\, dx = -\cos x + C$$

$n = 2$ のときは式 (2.3) を用いて

$$I_2 = -\frac{1}{2}\sin x \cos x + \frac{1}{2} I_0 = -\frac{1}{2}\sin x \cos x + \frac{1}{2} x + C$$

となります。もし式 (2.3) を用いずに直接計算するとすれば**2倍角の公式**から

$$\int \sin^2 x\, dx = \int \frac{1 - \cos 2x}{2} dx = \frac{1}{2} \int \left(1 - \cos 2x\right) dx$$

$$= \frac{1}{2}\left(x - \frac{1}{2}\sin 2x\right) + C = -\frac{1}{2}\sin x \cos x + \frac{1}{2} x + C$$

となり，同じ結果が得られますね。

I_3 は I_1 を，I_4 は I_2 を用いて求められます。例題でやってみましょう。

例 題 6

漸化式 (2.3) を用いて $\displaystyle\int \sin^3 x\, dx,\quad \int \sin^4 x\, dx$ を求めよ。

解き方

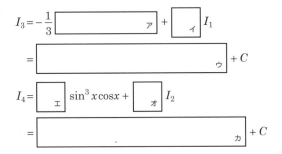

$$I_3 = -\frac{1}{3}\boxed{}_{\text{ア}} + \boxed{}_{\text{イ}} I_1$$

$$= \boxed{}_{\text{ウ}} + C$$

$$I_4 = \boxed{}_{\text{エ}} \sin^3 x \cos x + \boxed{}_{\text{オ}} I_2$$

$$= \boxed{}_{\text{カ}} + C$$

このようにして，I_5，I_6，… も次々と計算することができます。左辺の n に対して，**右辺は次数が低いので**，結局は I_0 と I_1 に帰着させることができるのですね。

　では，**n が負の整数のとき**も式 (2.3) は使えるのでしょうか？　通常，数学の公式・定理では，「n を自然数とする」などと条件が付いていることが多いのですが，このような条件は，後で不都合なことが起こったときに改めて考え直せばよいのであって，まずはいろいろな場合を試しに計算してみましょう。式 (2.3) を再び書いておきます。

$$I_n = -\frac{1}{n}\sin^{n-1} x \cos x + \frac{n-1}{n} I_{n-2} \tag{2.3}$$

では，$n = -1$ としてみましょう。これは $I_n = \displaystyle\int \sin^n x\, dx$ から直接計算します。

$$I_{-1} = \int \sin^{-1} x\, dx = \int \frac{dx}{\sin x}$$

ですね。$\tan\dfrac{x}{2} = t$ とおいて

$$I_{-1} = \int \frac{dx}{\sin x} = \int \frac{1}{\dfrac{2t}{t^2+1}} \cdot \frac{2}{t^2+1}\, dt = \int \frac{dt}{t} = \log|t| + C = \log\left|\tan\frac{x}{2}\right| + C$$

となります。

あるいは $\cos x = t$ と置換して

$$I_{-1} = \int \frac{dx}{\sin x} = \int \frac{\sin x}{1-\cos^2 x}\,dx = -\int \frac{dt}{1-t^2} = -\frac{1}{2}\int\left(\frac{1}{1-t}+\frac{1}{1+t}\right)dt$$

$$= -\frac{1}{2}\left(-\log|1-t|+\log|1+t|\right)+C = \frac{1}{2}\left(\log|1-t|-\log|1+t|\right)+C$$

$$= \frac{1}{2}\log\left|\frac{1-\cos x}{1+\cos x}\right|+C$$

とも書けます。

続いて $n=-2$ のときを計算しましょう。

$$I_{-2} = \int \sin^{-2}x\,dx = \int \frac{dx}{\sin^2 x}$$

今度は少し悩みますね。漸化式 (2.3) を使うとしても，右辺に分母の次数がより高い I_{-4} すなわち $\int \dfrac{dx}{\sin^4 x}$ が出現してしまいます。ここで発想を変えて，式 (2.3) を書き直し，I_{n-2} を I_n を用いて表してみましょう。

$$\frac{n-1}{n}I_{n-2} = I_n + \frac{1}{n}\sin^{n-1}x\cos x$$

$$\therefore I_{n-2} = \frac{n}{n-1}I_n + \frac{1}{n-1}\sin^{n-1}x\cos x \tag{2.3$'$}$$

式 (2.3)$'$ で $n\to n+2$ とすると

$$I_n = \frac{n+2}{n+1}I_{n+2} + \frac{1}{n+1}\sin^{n+1}x\cos x \tag{2.3$''$}$$

が得られます。式 (2.3)$''$ で $n=-2$ とすると

$$I_{-2} = -\sin^{-1}x\cdot\cos x + C = -\frac{\cos x}{\sin x}+C$$

となります。実際，右辺を微分すると

$$\left(-\frac{\cos x}{\sin x}\right)' = -\frac{-\sin^2 x-\cos^2 x}{\sin^2 x} = \frac{1}{\sin^2 x}$$

ですから正しいことが確認できます。$\sin^{-1}x$ と $\mathrm{Sin}^{-1}x$ を混同しないようにしましょう。(式2.3)$''$ は左辺より右辺のほうが次数が高いことが重要ポイントですね。

例 題 7

式 (2.3)$''$ を用いて I_{-3}，I_{-4} を求めよ。

解き方 $n = -3$ として

$$I_{-3} = \boxed{}\ I_{-1} + \left(\boxed{}\right)\sin^{-2}x\cos x = \boxed{} + C$$

$n = -4$ として

$$I_{-4} = \boxed{}\ I_{-2} + \left(\boxed{}\right)\sin^{-3}x\cos x = \boxed{} + C$$

■

　このように見てくると式 (2.3) は **n が整数**のときに成り立つことがわかります。数学を勉強する楽しみは，こうして1つの公式を深く掘り下げて考え，よりよく理解することにあるのではないでしょうか。また，漸化式を導くこと自体が，1つの公式をつくることでもあります。「解く」楽しみと同時に「つくる」喜びを味わってください。

=== 練習問題 **7** ===

$I_n = \displaystyle\int \cos^n x\, dx$ について，次の問いに答えよ。

① $I_n = \displaystyle\int \cos^{n-1} x \cos x\, dx$ と変形し部分積分法を用いて I_n を I_{n-2} で表せ。

② $I_0,\ I_1,\ I_2,\ I_3,\ I_4$ を求めよ。

③ ①で求めた式を変形して，I_n を I_{n+2} で表せ。

④ $I_{-2},\ I_{-4}$ を求めよ。

　このように計算してくると，$I_n = \displaystyle\int \sin^n x\, dx$，もしくは $I_n = \displaystyle\int \cos^n x\, dx$ の計算は，I_0 および I_1，I_{-1} に帰着されることがわかりますが，計算自体はなかなか面倒ですね。ただ，後で学習する定積分では，I_n の計算に関しては，実は簡潔でしかも美しい結果が得られるのです。楽しみにしていてください。

　では，三角関数を用いて表される積分として，今度は $\displaystyle\int \sin^m x\cos^n x\, dx$ を計算しま

しょう。求める積分を $I(m,n)$ とおきます。$\cos^n x = \cos^{n-1}x \cdot \cos x$ と考えて

$$I(m,n) = \int \sin^m x \cos^n x\, dx = \int \sin^m x \cos^{n-1}x \cdot \cos x\, dx$$

$$= \int \sin^m x \cos^{n-1}x (\sin x)'\, dx = \int \left(\underset{f'}{\frac{1}{m+1}\sin^{m+1}x}\right)' \underset{g}{\cos^{n-1}x}\, dx$$

と変形し，部分積分法を使いましょう。

$$I(m,n) = \frac{1}{m+1}\sin^{m+1}x\cos^{n-1}x - \frac{1}{m+1}\int \sin^{m+1}x(n-1)\cos^{n-2}x(-\sin x)dx$$

ここで2項目は

$$\frac{n-1}{m+1}\int \sin^m x \cos^{n-2}x \cdot \sin^2 x\, dx = \frac{n-1}{m+1}\int \sin^m x \cos^{n-2}x(1-\cos^2 x)dx$$

$$= \frac{n-1}{m+1}\int (\sin^m x \cos^{n-2}x - \sin^m x \cos^n x)dx$$

$$= \frac{n-1}{m+1}\{I(m,n-2) - I(m,n)\}$$

ですから

$$I(m,n) = \frac{1}{m+1}\sin^{m+1}x\cos^{n-1}x + \frac{n-1}{m+1}\{I(m,n-2) - I(m,n)\},$$

$$\left(1 + \frac{n-1}{m+1}\right)I(m,n) = \frac{1}{m+1}\sin^{m+1}x\cos^{n-1}x + \frac{n-1}{m+1}I(m,n-2)$$

$$\therefore I(m,n) = \frac{1}{m+n}\sin^{m+1}x\cos^{n-1}x + \frac{n-1}{m+n}I(m,n-2) \cdots\cdots (1)$$

これは，$\cos^n x$ の次数を下げる公式ですが，同様に $\sin^m x$ の次数を下げる公式は

$$I(m,n) = -\frac{1}{m+n}\sin^{m-1}x\cos^{n+1}x + \frac{m-1}{m+n}I(m-2,n) \cdots\cdots (2)$$

となります。ここで特に，$I(0,0) = \int \sin^0 x \cos^0 x\, dx = \int 1\, dx = x + C$ ですね。

公式(1)，(2)を用いて，$I(3,3) = \int \sin^3 x \cos^3 x\, dx$ を計算しましょう。まず公式(1)を用いて$\cos^3 x$ の次数を下げ，次に公式(2)を用いて$\sin^3 x$ の次数を下げます。

$$I(3,3) = \int \sin^3 x \cos^3 x\, dx \underset{(1)}{=} \frac{1}{6}\sin^4 x \cos^2 x + \frac{1}{3}I(3,1)$$

$$\underset{(2)}{=} \frac{1}{6}\sin^4 x \cos^2 x + \frac{1}{3}\left\{-\frac{1}{4}\sin^2 x \cos^2 x + \frac{1}{2}I(1,1)\right\}$$

ここで2倍角の公式を用いて

$$I(1,1) = \int \sin x \cos x\, dx = \frac{1}{2}\int \sin 2x\, dx = -\frac{1}{4}\cos 2x$$

となりますから，結局

$$I(3,3) = \frac{1}{6}\sin^4 x \cos^2 x + \frac{1}{3}\left\{-\frac{1}{4}\sin^2 x \cos^2 x + \frac{1}{2}\left(-\frac{1}{4}\cos 2x\right)\right\} + C$$

$$= \frac{1}{6}\sin^4 x \cos^2 x - \frac{1}{12}\sin^2 x \cos^2 x - \frac{1}{24}\cos 2x + C$$

を得ます。しかし，$\cos^2 x = 1 - \sin^2 x$，$\cos 2x = 1 - 2\sin^2 x$ ですから，$I(3,3)$ は $\sin x$ だけの式で表せて

$$I(3,3) = -\frac{1}{6}\sin^6 x + \frac{1}{4}\sin^4 x + C$$

となり，もし $\cos x$ だけの式で表すと

$$I(3,3) = \frac{1}{6}\cos^6 x - \frac{1}{4}\cos^4 x + C$$

となります。この積分計算では

$$I(3,3) \xrightarrow[(1)]{} I(3,1) \xrightarrow[(2)]{} I(1,1)$$

の順に次数が下がり，結局は積分 $I(1,1)$ に帰着されました。

　では次に，$\int \sin^4 x \cos^2 x\, dx$ を計算してみましょう。この式は $I(4,2)$ と表されますが，$\sin^4 x$，$\cos^2 x$ の次数が常に2ずつ下がることに気づくと，たとえば

$$I(4,2) \longrightarrow I(4,0) \longrightarrow I(2,0) \longrightarrow I(0,0)$$

と次数下げをしていけることがわかります。

例題 8

$I(4,2) = \displaystyle\int \sin^4 x \cos^2 x\, dx$ を計算せよ。

解き方

$$I(4,2)=\int \sin^4 x\cos^2 x\,dx=\frac{1}{6}\sin^5 x\cos x+\boxed{\ \ \gamma\ \ }I(4,0)$$

$$I(4,0)=\boxed{\ \ \mathcal{I}\ \ }\sin^3 x\cos x+\boxed{\ \ \dot{\mathcal{V}}\ \ }I(2,0)$$

$$I(2,0)=\boxed{\ \ \mathfrak{I}\ \ }\sin x\cos x+\boxed{\ \ \dot{\mathcal{I}}\ \ }I(0,0)$$

$$I(0,0)=\int \sin^0 x\cos^0 x\,dx=\int 1\,dx=\boxed{\ \ \mathcal{D}\ \ }$$

より

$$I(2,0)=\underline{\hspace{8cm}}_{\ \ \dagger}$$

$$I(4,0)=\underline{\hspace{8cm}}_{\ \ \dot{\mathcal{D}}}$$

$$I(4,2)=\underline{\hspace{9cm}}_{\ \ \dot{\mathcal{T}}}+C$$

■

積分定数Cは，最終段階でのみ書きました。

実際の計算では

$$I(0,0)\longrightarrow I(2,0)\longrightarrow I(4,0)\longrightarrow I(4,2)$$

のように逆の順序で求めたほうが，代入の計算がスムーズにできます。

=== 練 習 問 題 8 ===

① $I(3,2)=\int \sin^3 x\cos^2 x\,dx$ を次の順に計算することにより求めよ。

　① $I(1,0)$　　　② $I(3,0)$　　　③ $I(3,2)$

② $I(2,3)=\int \sin^2 x\cos^3 x\,dx$ を次の順に計算することにより求めよ。

　① $I(0,1)$　　　② $I(2,1)$　　　③ $I(2,3)$

これまで計算してきたように，$I(m,n)=\displaystyle\int \sin^m x\cos^n x\,dx$ の形の関数は，m と n が**非負の整数**のとき，公式 (1) や (2) によって次数を下げて，$I(0,0)$，$I(1,0)$，$I(0,1)$，$I(1,1)$ のいずれかの形に帰着されることがわかりました。では，n が**負の整数**のときはどうなるのでしょうか？　たとえば

$$I(-3,-3)=\int \frac{dx}{\sin^3 x\cos^3 x}$$

を考えてみましょう。この場合，先ほどの公式を使って計算しようとすると，右辺に $I(-3,-5)$ あるいは $I(-5,-3)$ などといった積分が出てきてしまい，分母がより一層複雑な関数を積分することになります。そこで，公式 (1) と (2) をそれぞれ変形して**次数を上げる**公式をつくりましょう。まず公式 (1) から

$$I(m,n)=\frac{1}{m+n}\sin^{m+1}x\cos^{n-1}x+\frac{n-1}{m+n}I(m,n-2)$$

ですから，$I(m,n-2)$ を $I(m,n)$ で表すと

$$I(m,n-2)=-\frac{1}{n-1}\sin^{m+1}x\cos^{n-1}x+\frac{m+n}{n-1}I(m,n)$$

となります。ここで n の代わりに $n+2$ とすると，**$n\neq -1$ のとき**

$$I(m,n)=-\frac{1}{n+1}\sin^{m+1}x\cos^{n+1}x+\frac{m+n+2}{n+1}I(m,n+2)\ \cdots\cdots\ (3)$$

が得られます。これは $\sin^m x\cos^n x$ の $\cos^n x$ の次数を**2だけ上げる**公式です。同様にして公式 (2) から，$m\neq -1$ のとき $\sin^m x$ の次数を**2だけ上げる**公式

$$I(m,n)=\frac{1}{m+1}\sin^{m+1}x\cos^{n+1}x+\frac{m+n+2}{m+1}I(m+2,n)\ \cdots\cdots\ (4)$$

も得られます。

公式 (3)，(4) を用いれば，$I(-3,-3)=\displaystyle\int\frac{dx}{\sin^3 x\cos^3 x}$ は

$$I(-3,-3)\ \xrightarrow[(3)]{}\ I(-3,-1)\ \xrightarrow[(4)]{}\ I(-1,-1)$$

と次数を上げていくことができて $\displaystyle\int\frac{dx}{\sin x\cos x}$ に帰着できることがわかります。

実際に求めてみましょう。

$$I(-1,-1)=\int\frac{dx}{\sin x\cos x}=\int\frac{\dfrac{1}{\cos^2 x}}{\tan x}dx=\int\frac{(\tan x)'}{\tan x}dx=\log|\tan x|$$

ですが，2つ目から3つ目の式へ移行するとき分母・分子を $\cos^2 x$ で割りました。

$$I(-3,-1) = -\frac{1}{2}\sin^{-2}x\cos^0 x + I(-1,-1) = -\frac{1}{2\sin^2 x} + \log|\tan x|$$

であり，求める積分は

$$I(-3,-3) = \frac{1}{2}\sin^{-2}x\cos^{-2}x + 2I(-3,-1)$$

$$= \frac{1}{2\sin^2 x\cos^2 x} - \frac{1}{\sin^2 x} + 2\log|\tan x| + C$$

ですが，1項目と2項目を**通分**して

$$\frac{1-2\cos^2 x}{2\sin^2 x\cos^2 x} = \frac{-\cos 2x}{\frac{1}{2}\left(\sin^2 2x\right)} = \frac{-2\cos 2x}{\sin^2 2x}$$

から

$$I(-3,-3) = \frac{-2\cos 2x}{\sin^2 2x} + 2\log|\tan x| + C$$

としてもかまいません。

では次の例題で，積分 $\int \dfrac{\sin^2 x}{\cos^3 x}dx$ を計算してみましょう。これは $I(2,-3)$ と書けますから，たとえば $I(2,-3)\longrightarrow I(0,-3)\longrightarrow I(0,-1)$ のように，$\sin^2 x$ の次数を下げ，$\cos^{-3}x$ の次数を上げて $I(0,-1)$ に帰着させるのです。

例題 9

$I(2,-3) = \displaystyle\int \frac{\sin^2 x}{\cos^3 x}dx$ を計算せよ。

解き方　$I(2,-3) = \sin x\cos^{-2}x - I(0,-3)$

$$I(0,-3) = \frac{1}{2}\sin x\cos^{-2}x + \boxed{\text{ア}}\,I(0,-1)$$

ここで

$$I(0,-1) = \int \frac{dx}{\cos x} = \int \frac{\cos x}{\cos^2 x}dx = \int \frac{\cos x}{1-\sin^2 x}dx$$

$\sin x = t$ とおくと $\cos x\,dx = dt$ より

$$I(0,-1) = \int \frac{dt}{1-t^2} = \frac{1}{2}\int\left(\frac{1}{1-t} + \frac{1}{1+t}\right)dt$$

$$= \frac{1}{2}\left(-\log|1-t| + \log|1+t|\right) = \frac{1}{2}\left(-\log|1-\sin x| + \log|1+\sin x|\right)$$

$$\therefore I(0,-3) = \boxed{ \text{イ}}$$

$$\therefore I(2,-3) = \boxed{ \text{ウ}}$$

これまでの計算でわかるように，積分 $I(m,n) = \displaystyle\int \sin^m x \cos^n x\, dx$ は，m と n が正の整数のときには次数を下げ，負の整数のときには次数を上げることにより，$I(1,1)$，$I(1,0)$，$I(0,1)$，$I(0,0)$，$I(0,-1)$，$I(-1,0)$，$I(1,-1)$，$I(-1,1)$，$I(-1,-1)$ の9個の積分に帰着させられるのですね。次数は常に2ずつ変化するので，この9個のいずれになるかを'観察'して見抜いたうえで，実際の計算に入りましょう。公式 (1)〜(4) をもう一度まとめて書いておきます。

$I(m,n) = \displaystyle\int \sin^m x \cos^n x\, dx$ のとき

(1) $\quad I(m,n) = \dfrac{1}{m+n}\sin^{m+1} x \cos^{n-1} x + \dfrac{n-1}{m+n} I(m,n-2)$ $\qquad (m+n \neq 0)$

(2) $\quad I(m,n) = -\dfrac{1}{m+n}\sin^{m-1} x \cos^{n+1} x + \dfrac{m-1}{m+n} I(m-2,n)$ $\qquad (m+n \neq 0)$

(3) $\quad I(m,n) = -\dfrac{1}{n+1}\sin^{m+1} x \cos^{n+1} x + \dfrac{m+n+2}{n+1} I(m,n+2)$ $\qquad (n \neq -1)$

(4) $\quad I(m,n) = \dfrac{1}{m+1}\sin^{m+1} x \cos^{n+1} x + \dfrac{m+n+2}{m+1} I(m+2,n)$ $\qquad (m \neq -1)$

=== 練 習 問 題 **9** ===

次の計算をせよ。

① $\quad I(4,-2) = \displaystyle\int \frac{\sin^4 x}{\cos^2 x}\, dx$

　三角関数の漸化式から，なんと多くの有用な公式が得られるのでしょう。積分ひとつ計算するだけでも，豊かな内容を含んでいることがわかりますね。

　しかし，三角関数についてはひとまずここでおいて，他の漸化式を見てみましょう。

$$I_n = \int \frac{dx}{\left(x^2+a^2\right)^n} \quad (a>0)$$

とおくとき，I_{n-1}を**部分積分法**を用いて計算しましょう。

$$I_{n-1} = \int \frac{dx}{\left(x^2+a^2\right)^{n-1}} = \int 1 \cdot \frac{1}{\left(x^2+a^2\right)^{n-1}} dx$$

$$= \frac{x}{\left(x^2+a^2\right)^{n-1}} - \int x \cdot \frac{-(n-1)\left(x^2+a^2\right)^{n-2} \cdot 2x}{\left\{\left(x^2+a^2\right)^{n-1}\right\}^2} dx$$

$$= \frac{x}{\left(x^2+a^2\right)^{n-1}} + \int \frac{2(n-1)x^2}{\left(x^2+a^2\right)^n} dx$$

$$= \frac{x}{\left(x^2+a^2\right)^{n-1}} + 2(n-1)\int \frac{\left(x^2+a^2\right)-a^2}{\left(x^2+a^2\right)^n} dx$$

$$= \frac{x}{\left(x^2+a^2\right)^{n-1}} + 2(n-1)\left(I_{n-1} - a^2 I_n\right)$$

$$\therefore 2(n-1)a^2 I_n = \frac{x}{\left(x^2+a^2\right)^{n-1}} + (2n-3) I_{n-1}$$

$$\therefore I_n = \frac{1}{2(n-1)a^2}\left\{\frac{x}{\left(x^2+a^2\right)^{n-1}} + (2n-3) I_{n-1}\right\} \quad (a>0,\ n \geq 2)$$

この計算の途中課程で，右辺にI_nが出現していますね。

さて，この漸化式は$n \geq 2$となるnに対して用いられるのであり

$$I_1 = \int \frac{dx}{x^2+a^2} = \frac{1}{a}\mathrm{Tan}^{-1}\frac{x}{a}$$

であることに注意してください。

たとえば$\displaystyle\int \frac{dx}{\left(x^2+4\right)^2}$の計算は，$a=2,\ n=2$の場合ですから

$$I_2 = \int \frac{dx}{\left(x^2+4\right)^2} = \frac{1}{2\cdot 1\cdot 4}\left(\frac{x}{x^2+4} + I_1\right) = \frac{1}{8}\left(\frac{x}{x^2+4} + \frac{1}{2}\mathrm{Tan}^{-1}\frac{x}{2}\right) + C$$

となるのです。I_1 の積分に帰着されるのですね。

例 題 10

$$I_2 = \int \frac{dx}{\left(x^2 + a^2\right)^2}, \quad I_3 = \int \frac{dx}{\left(x^2 + a^2\right)^3} \text{ を求めよ。}$$

解き方

$$I_2 = \frac{1}{2a^2}\left(\frac{x}{x^2 + a^2} + I_1\right) = \frac{1}{2a^2}\left(\frac{x}{x^2 + a^2} + \boxed{ \text{ア}}\right)$$

$$I_3 = \frac{1}{4a^2}\left(\frac{x}{\left(x^2 + a^2\right)^2} + 3I_2\right)$$

$$= \frac{1}{4a^2}\left\{\frac{x}{\left(x^2 + a^2\right)^2} + 3 \cdot \boxed{ \text{イ}}\right\}$$

$$= \boxed{ \text{ウ}}$$

では続いて $\int \left(\log x\right)^n dx$ の漸化式を導いてみましょう。

$$I_n = \int \left(\log x\right)^n dx$$

とおきます。ここで，$\left(\log x\right)^n = 1\left(\log x\right)^n$ と考えて**部分積分法**を用いると

$$I_n = \int \underset{(x)'}{1} \cdot \left(\log x\right)^n dx = x\left(\log x\right)^n - \int x \cdot n\left(\log x\right)^{n-1}\frac{1}{x}dx$$

$$= x\left(\log x\right)^n - n\int \left(\log x\right)^{n-1}dx = x\left(\log x\right)^n - nI_{n-1}$$

となります。この漸化式は簡単に導けましたね。なお，$n=0$のときは

$$I_0 = \int \left(\log x\right)^0 dx = \int 1\,dx = x + C$$

また**部分積分法**を用いた計算で

$$\int \log x\,dx = x\log x - \int x \cdot \frac{1}{x}dx = x\log x - x + C$$

ですが，これは先ほど導いた漸化式で $n = 1$ として

$$I_1 = x\log x - I_0 = x\log x - x + C$$

を得た場合と一致していますね。すなわち

$$I_n = \int (\log x)^n dx \text{ とおくと } \quad I_n = x(\log x)^n - nI_{n-1} \quad (n \geq 1)$$

例題 11

$I_n = \int (\log x)^n dx$ において，$n = 2, 3, 4$ のときを計算せよ。

解き方

$I_n = x(\log x)^n - nI_{n-1}$ より

$I_1 = \int \log x\, dx = x\log x - x$

$I_2 = x(\log x)^2 - 2I_1 = x(\log x)^2 - 2\left(\boxed{ \text{ア}} \right)$

$\quad = \boxed{ \text{イ}}$

$I_3 = x(\log x)^3 - 3I_2$

$\quad = x(\log x)^3 - 3\left\{ \boxed{ \text{イ}} \right\}$

$\quad = \boxed{ \text{ウ}}$

$I_4 = x(\log x)^4 - 4I_3$

$\quad = x(\log x)^4 - 4\left\{ \boxed{ \text{ウ}} \right\}$

$\quad = \boxed{ \text{エ}}$

第3章

定積分

3.1　区分求積法

　1.3節では**微分の逆演算**として不定積分を定義しました。歴史的にはこの第3章で述べる定積分こそが積分法の出発点なのです。古来より，図形の面積や立体の体積を求めることが人々の関心を集めてきました。

　たとえば円の面積を求めるために，円に内接（または外接）する正n角形の面積を計算することから始めます。

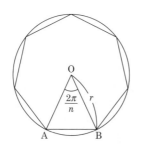

　上図のように，円の中心Oを頂点とし，正n角形の各辺を底辺とするn個の二等辺三角形の面積の総和をS_nとします。

$$S_n = n\triangle \text{OAB} = n \cdot \frac{1}{2} \cdot r^2 \sin\frac{2\pi}{n} = \frac{n}{2}r^2 \sin\frac{2\pi}{n}$$

ですね。ここで，nを限りなく大きく，すなわち$n \to \infty$としてみましょう。そしてそのときのS_nの**極限値を**Sとすると，Sは円の面積であると考えられます。

$$S = \lim_{n\to\infty} S_n = \lim_{n\to\infty}\frac{n}{2}r^2\sin\frac{2\pi}{n} = \frac{r^2}{2}\lim_{n\to\infty}n\sin\frac{2\pi}{n}$$

$$= \frac{r^2}{2}\lim_{n\to\infty}\frac{\sin\dfrac{2\pi}{n}}{\dfrac{1}{n}}$$

ここで，$\dfrac{1}{n} = t$とおくと，$n \to \infty$のとき$t \to 0$であり，$\sin\dfrac{2\pi}{n} = \sin 2\pi t$ ですから

$$S = \frac{r^2}{2}\lim_{t\to 0}\frac{\sin 2\pi t}{t} = \frac{r^2}{2}\boxed{\overset{(\bigstar)}{\lim_{t\to 0}\frac{\sin 2\pi t}{2\pi t}}} \cdot 2\pi = \frac{r^2}{2}\cdot 1 \cdot 2\pi = \pi r^2$$

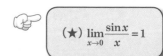

$$(\bigstar)\ \lim_{x\to 0}\frac{\sin x}{x} = 1$$

　こうして，円の面積の公式 $S = \pi r^2$ が得られました。正 n 角形で $n \to \infty$ とするという極限操作が重要ポイントなのです。

　では，曲線で囲まれた図形の面積はどのようにして求めればよいのでしょうか？　たとえば関数 $y = x^2$ と x 軸，直線 $x = 1$ とで囲まれた下図のグレーの部分の面積の求め方を考えてみましょう。先ほどは円の面積を三角形分割によって計算しましたが，今度は長方形の面積を用いて考察してみます。

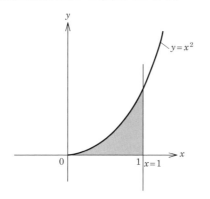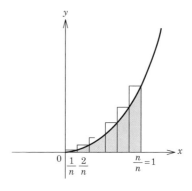

$f(x) = x^2$ とおきます。

　計算しやすいように，$x = 0$ から $x = 1$ までを n 等分し，$x = \dfrac{1}{n}$，$\dfrac{2}{n}$，$\cdots$，$\dfrac{n-1}{n}$，$\dfrac{n}{n} = 1$ とし，各小区間 $\left[\dfrac{i-1}{n}, \dfrac{i}{n}\right]$ の右端の値 $f\left(\dfrac{i}{n}\right)$ を高さにもつ，幅 $\dfrac{1}{n}$ の長方形の面積の総和を S_n とします。

$$S_n = \sum_{i=1}^{n} f\left(\frac{i}{n}\right)\frac{1}{n} = \frac{1}{n}\sum_{i=1}^{n} f\left(\frac{i}{n}\right) = \frac{1}{n}\sum_{i=1}^{n}\frac{i^2}{n^2} = \frac{1}{n^3}\cdot\frac{n(n+1)(2n+1)}{6}$$

ここで $n \to \infty$ とすると，長方形の分割は細かくなり，グレーの部分の面積 S は

$$\lim_{n\to\infty} S_n = \lim_{n\to\infty}\frac{n(n+1)(2n+1)}{6n^3} = \frac{1\cdot1\cdot2}{6} = \frac{1}{3}$$

という極限値から $S = \dfrac{1}{3}$ という結果を得ました。

　しかし，ほかの分割のしかたをしても同じ極限値を得られるのでしょうか？　今度は各小区間 $\left[\dfrac{i-1}{n}, \dfrac{i}{n}\right]$ での左端の値 $f\left(\dfrac{i-1}{n}\right)$ を高さにもつ長方形で分割してみます。

この分割による長方形の面積の総和を S_n' としましょう。

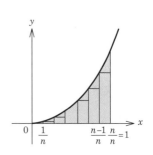

$$S_n' = \sum_{i=1}^{n} f\left(\frac{i-1}{n}\right)\frac{1}{n} = \frac{1}{n}\sum_{i=1}^{n}\frac{(i-1)^2}{n^2}$$

$$= \frac{1}{n^3}\sum_{i=1}^{n}\left(i^2 - 2i + 1\right)$$

$$= \frac{1}{n^3}\left(\sum_{i=1}^{n}i^2 - 2\sum_{i=1}^{n}i + \sum_{i=1}^{n}1\right)$$

$$= \frac{1}{n^3}\left\{\frac{n(n+1)(2n+1)}{6} - 2\cdot\frac{n(n+1)}{2} + n\right\}$$

ここで，$n\to\infty$ とすると

$$\lim_{n\to\infty} S_n' = \frac{1}{3}$$

となり，$\lim_{n\to\infty} S_n$ と同じ**極限値**を得ることができました。色のついた部分の面積を求めているのですから，**分割のしかたによらず同じ極限値をもたなくてはならない**のです。なおここで得た値は，「面積が**およそ** $\frac{1}{3}$」ではなく「**ちょうど** $\frac{1}{3}$」であることに注意しましょう。

　このように，与えられた図形の面積を，**微小な図形の面積の和の極限値として求める方法を区分求積法**というのです。

　では，区分求積法を用いて次の例題を解いてみましょう。なお，**自然数のべき乗の和の公式**は，本文中で既に出てきましたが，念のため書いておきます。

$$\sum_{i=1}^{n}i = \frac{n(n+1)}{2}\ ,\quad \sum_{i=1}^{n}i^2 = \frac{n(n+1)(2n+1)}{6}\ ,\quad \sum_{i=1}^{n}i^3 = \frac{n^2(n+1)^2}{4}$$

例題 1

関数 $y=x^3$ と x 軸，直線 $x=1$ で囲まれる部分の面積を求めよ。

解き方

　$f(x)=x^3$ とおく。$x=0$ から $x=1$ までを n 等分し，$x=\dfrac{1}{n}$，$\dfrac{2}{n}$，$\cdots$，$\dfrac{n-1}{n}$，$\dfrac{n}{n}$ として，各小区間 $\left[\dfrac{i-1}{n},\ \dfrac{i}{n}\right]$，で右端の x の値 $f\left(\dfrac{i}{n}\right)$ を高さとする幅 $\dfrac{1}{n}$ の長方

形の面積の総和 S_n は

$$S_n = \sum_{i=1}^{n} f\left(\frac{i}{n}\right)\frac{1}{n} = \frac{1}{n}\sum_{i=1}^{n} f\left(\frac{i}{n}\right)$$

$$= \frac{1}{n}\sum_{i=1}^{n}\frac{i^3}{n^3} = \frac{1}{n^4}\sum_{i=1}^{n} i^3$$

$$= \frac{1}{n^4}\boxed{\quad \text{ア} \quad}$$

$n \to \infty$ とすると $\lim_{n\to\infty} S_n = \boxed{\text{イ}}$ となるから，求める

面積は $\boxed{\text{ウ}}$ である。

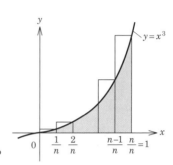

次に，関数 $y=\sqrt{x}$ と x 軸，直線 $x=1$ で囲まれた部分の面積を求めてみましょう。これまでと同様に，$x=0$ から $x=1$ までを n 等分して，各小区間 $\left[\frac{i-1}{n},\ \frac{i}{n}\right]$ での右端の値 $f\left(\frac{i}{n}\right)$ を高さとする幅 $\frac{1}{n}$ の長方形の面積の総和 S_n を求めようとすると

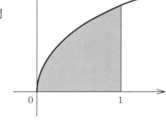

$$S_n = \sum_{i=1}^{n} f\left(\frac{i}{n}\right)\frac{1}{n} = \frac{1}{n}\sum_{i=1}^{n} f\left(\frac{i}{n}\right)$$

$$= \frac{1}{n}\sum_{i=1}^{n}\sqrt{\frac{i}{n}} = \frac{1}{n\sqrt{n}}\left(\sqrt{1}+\sqrt{2}+\ \cdots\ +\sqrt{n-1}+\sqrt{n}\right)$$

となり，総和 $\sqrt{1}+\sqrt{2}+\ \cdots\ +\sqrt{n-1}+\sqrt{n}$ を求める公式がないので，これ以上計算を進めることができません。

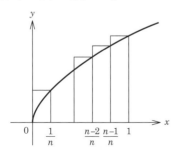
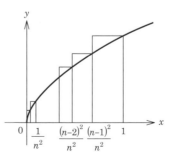

そこで，今度は$x=0$から$x=1$までをn等分するのではなく，分割の幅を変えて

$$x = \frac{1^2}{n^2},\ \frac{2^2}{n^2},\ \cdots,\ \frac{(n-1)^2}{n^2},\ \frac{n^2}{n^2}=1$$

としてみましょう。各小区間$\left[\dfrac{(i-1)^2}{n^2},\ \dfrac{i^2}{n^2}\right]$, の右端の値$f\left(\dfrac{i^2}{n^2}\right)$を高さにもつ，幅が

$\dfrac{i^2}{n^2}-\dfrac{(i-1)^2}{n^2}$ の長方形の面積の総和を求めます。

$$S_n = \sum_{i=1}^{n} f\left(\frac{i^2}{n^2}\right)\left\{\frac{i^2}{n^2}-\frac{(i-1)^2}{n^2}\right\} = \sum_{i=1}^{n}\frac{i}{n}\cdot\frac{2i-1}{n^2}$$

$$= \frac{1}{n^3}\sum_{i=1}^{n}(2i^2-i) = \frac{1}{n^3}\left\{2\cdot\frac{n(n+1)(2n+1)}{6}-\frac{n(n+1)}{2}\right\}$$

$$= \frac{1}{n^3}\left\{\frac{n(n+1)(2n+1)}{3}-\frac{n(n+1)}{2}\right\}$$

$n\to\infty$とすると，極限値は$\dfrac{2}{3}$となります。これが求める面積ですね。

このように，いろいろな面積を，さまざまな方法で計算してみました。ここで面積Sすなわち$\lim_{n\to\infty}S_n$を求めるときに，次の2点が重要であることがわかります。

・各小区間$[x_{i-1},\ x_i]$のどの点における値$f(x_i)$に対しても$\lim_{n\to\infty}S_n$は一定であること
・分割のしかたによらず$\lim_{n\to\infty}S_n$は一定であること

区分求積法の考え方を一般化してみましょう。
区間$[a,\ b]$上の関数$f(x)$に対し，下図のような長方形の面積の総和を考え，これを**リーマン和**といいます。

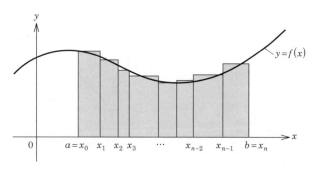

すなわち，$[a, b]$ を n 個の小区間に分割して，その分点を

$$a = x_0 < x_1 < x_2 < \cdots < x_{n-1} < x_n = b$$

とし，このような分割を記号 Δ で表します。各小区間 $[x_{i-1}, x_i]$ の幅の最大値を Δx_i と書き，任意の $p_i \in [x_{i-1}, x_i]$ に対し

$$S(\Delta) = \sum_{i=1}^{n} f(p_i)(x_i - x_{i-1})$$

をリーマン和というのです。

ここで，定積分を定義しましょう。

定義 3.1　定積分

$[a, b]$ で定義された関数 $f(x)$ に対して，$\Delta x_i \to 0$ としたとき，区間の分割のしかたや p_i の選び方に関係なく，$S(\Delta)$ がある定まった値 S に収束するならば，$f(x)$ は $[a, b]$ で積分可能であるという。その極限値 S を

$$\int_a^b f(x)dx$$

で表し，これを $f(x)$ の a から b までの定積分という。すなわち

$$\int_a^b f(x)dx = \lim_{\Delta x_i \to 0} \sum_{i=1}^{n} f(p_i)(x_i - x_{i-1})$$

である。この定積分を求めることを，$f(x)$ を a から b まで積分するという。$f(x)$ を被積分関数，x を積分変数といい，a と b をそれぞれ下端，上端という。

たとえば，定数関数 $y = k$ について考えてみましょう。

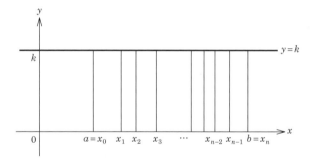

区間 $[a,\,b]$ の任意の分割 $\varDelta : a = x_0 < x_1 < \cdots < x_{n-1} < x_n = b$ に対して，各小区間 $[x_{i-1},\,x_i]$ で任意に p_i を選んだとき $f(p_i) = k$ となりますから，和

$$S(\varDelta) = \sum_{i=1}^{n} f(p_i)(x_i - x_{i-1}) = \sum_{i=1}^{n} k(x_i - x_{i-1}) = k(b-a)$$

は，分割のしかたと p_i の選び方に関係なく一定です。よって極限値もこの和に等しいので，$f(x) = k$ は $[a,\,b]$ において積分可能で

$$\int_a^b f(x)dx = \int_a^b k\,dx = k(b-a)$$

となります。つまり，底辺の長さが $b-a$，高さが k の長方形の面積となるのですね。

　区間 $[a,\,b]$ で定義されたすべての関数 $f(x)$ が積分可能とは限りませんが，次の定理を紹介しましょう。

定理 3.1 　積分可能性

$f(x)$ が $[a,\,b]$ で連続ならば，$[a,\,b]$ で積分可能である。

この定理の厳密な証明は大変なので，あらましのみ107ページに書きました。

　この定理のおかげで，どのようなリーマン和に対して極限をとっても，同じ積分値に収束することが保証されるのです。**区分求積法**はこの定理が前提となるのです。

　定理3.1 からわかるように，関数 $f(x)$ が $[a,\,b]$ で連続で，$f(x) \geqq 0$ ならば，和 $S(\varDelta)$ は下図の色のついた長方形の面積の総和を表します。

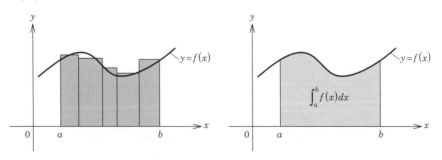

そして $\varDelta x_i \to 0$ としたとき，和 $S(\varDelta)$ は極限値 $S = \displaystyle\int_a^b f(x)dx$ に**収束**し，これは曲線

$y=f(x)$ と直線 $x=a$, $x=b$, および x 軸とで囲まれた図形の面積を表すのですね。正確には，'**面積**' をこの定積分で定義するのです。

では，$y=\dfrac{1}{x}$ を $x=1$ から $x=e$ まで積分してみましょう。

区間 $[1, e]$ をどのように分割すれば，リーマン和をうまく求められるのでしょうか？　この場合は，$x=1$ から $x=e$ までを

$$1=e^{\frac{0}{n}}, \quad e^{\frac{1}{n}}, \quad \cdots, \quad e^{\frac{n-1}{n}}, \quad e^{\frac{n}{n}}=e$$

と分割してみましょう。

各小区間 $\left[e^{\frac{i-1}{n}}, \ e^{\frac{i}{n}}\right]$ の右端の値 $f\left(e^{\frac{i}{n}}\right)$ を高さとし，幅 $e^{\frac{i}{n}}-e^{\frac{i-1}{n}}$ の長方形の面積の総和 S_n を考えると

$$S_n = \sum_{i=1}^{n} f\left(e^{\frac{i}{n}}\right)\left(e^{\frac{i}{n}}-e^{\frac{i-1}{n}}\right) = \sum_{i=1}^{n} \frac{1}{e^{\frac{i}{n}}}\left(e^{\frac{i}{n}}-e^{\frac{i-1}{n}}\right)$$

$$= \sum_{i=1}^{n} e^{-\frac{i}{n}}\left(e^{\frac{i}{n}}-e^{\frac{i-1}{n}}\right) = \sum_{i=1}^{n}\left(1-e^{-\frac{1}{n}}\right) = \left(1-e^{-\frac{1}{n}}\right)\sum_{i=1}^{n} 1 = \left(1-e^{-\frac{1}{n}}\right)n$$

となりますが，この式を変形して

$$S_n = \frac{1-e^{-\frac{1}{n}}}{\frac{1}{n}} = -\frac{1-e^{-\frac{1}{n}}}{-\frac{1}{n}}$$

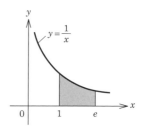

(★) ロピタルの定理

$f(x)$, $g(x)$ が $\lim\limits_{x \to a} f(x) = \lim\limits_{x \to a} g(x) = 0$ をみたし，$x=a$ を含む開区間において，$x=a$ 以外で微分可能とする。

$\lim\limits_{x \to a} \dfrac{f'(x)}{g'(x)}$ が存在するならば

$\lim\limits_{x \to a} \dfrac{f(x)}{g(x)} = \lim\limits_{x \to a} \dfrac{f'(x)}{g'(x)}$ となる。

ここで $-\dfrac{1}{n}=x$ とおくと $n \to \infty$ のとき $x \to 0$ となるので

$$\lim_{n \to \infty} S_n = \lim_{n \to \infty}\left(-\frac{1-e^{-\frac{1}{n}}}{-\frac{1}{n}}\right)$$

$$= \lim_{x \to 0}\left(-\frac{1-e^{x}}{x}\right) = -\lim_{x \to 0}\frac{1-e^{x}}{x}$$

と変形できて，$x \to 0$ のとき $\dfrac{0}{0}$ 型の不定形になることがわかり，**ロピタルの定理**(★)から

$$\lim_{n\to\infty} S_n = -\lim_{x\to0}\frac{1-e^x}{x} = -\lim_{x\to0}\frac{(1-e^x)'}{(x)'} = -\lim_{x\to0}(-e^x)' = 1$$

つまり

$$\int_1^e \frac{1}{x}dx = 1$$

であることがわかります。分割のしかた自体，なかなか巧妙であり，すぐには思いつきませんね。

　　今後は $\int_0^1 e^x dx$ を求めてみましょう。区間 $[0,\ 1]$ を n 等分し，各小区間 $\left[\dfrac{i-1}{n},\ \dfrac{i}{n}\right]$ の右端の値 $f\left(\dfrac{i}{n}\right)$ を高さとする，幅 $\dfrac{1}{n}$ の長方形の面積の総和を S_n とします。

$$S_n = \sum_{i=1}^n f\left(\frac{i}{n}\right)\cdot\frac{1}{n} = \sum_{i=1}^n e^{\frac{i}{n}}\cdot\frac{1}{n} = \frac{1}{n}\sum_{i=1}^n e^{\frac{i}{n}}$$

$$= \frac{1}{n}\left(e^{\frac{1}{n}} + e^{\frac{2}{n}} + e^{\frac{3}{n}} + \cdots + e^{\frac{n}{n}}\right)$$

$$= \frac{1}{n}\left\{e^{\frac{1}{n}} + \left(e^{\frac{1}{n}}\right)^2 + \left(e^{\frac{1}{n}}\right)^3 + \cdots + \left(e^{\frac{1}{n}}\right)^n\right\}$$

ですね。ここで，かっこ $\{\ \ \}$ の中は，初項 $e^{\frac{1}{n}}$，公比 $e^{\frac{1}{n}}$，項数 n の等比数列の和ですから，数列の和の公式を用いると

$$\frac{e^{\frac{1}{n}}\left\{\left(e^{\frac{1}{n}}\right)^n - 1\right\}}{e^{\frac{1}{n}} - 1} = \frac{e^{\frac{1}{n}}(e-1)}{e^{\frac{1}{n}} - 1} = (e-1)\frac{e^{\frac{1}{n}}}{e^{\frac{1}{n}} - 1}$$

> 初項 a，公比 r，項数 n の等比数列の和は
> $$\frac{a(r^n - 1)}{r-1}$$

となります。$\lim_{n\to\infty} S_n$ を求めましょう。

$$\lim_{n\to\infty} S_n = \lim_{n\to\infty}\frac{1}{n}(e-1)\frac{e^{\frac{1}{n}}}{e^{\frac{1}{n}} - 1} = (e-1)\lim_{n\to\infty}\frac{e^{\frac{1}{n}}}{\dfrac{e^{\frac{1}{n}} - 1}{\dfrac{1}{n}}}$$

ここで $\dfrac{1}{n} = t$ とおくと $n\to\infty$ のとき $t\to0$ であり

$$\lim_{n\to\infty} S_n = (e-1)\lim_{t\to0}\frac{e^t}{\dfrac{e^t - 1}{t}} = (e-1)\frac{\displaystyle\lim_{t\to0}e^t}{\displaystyle\lim_{t\to0}\dfrac{e^t - 1}{t}} = e-1$$

最後の分母の極限値は，ロピタルの定理

$$\lim_{t \to 0} \frac{\left(e^t - 1\right)'}{\left(t\right)'} = \lim_{t \to 0} e^t = e^0 = 1$$

を用いました。これで

$$\int_0^1 e^x \, dx = e - 1$$

であることがわかりましたが，なかなか計算が面倒ですね。

では $\int_0^1 \sin x \, dx$ はどうでしょうか？　区間 $[0,\ 1]$ を n 等分して $x = 0,\ \dfrac{1}{n},\ \dfrac{2}{n},\ \cdots,$ $\dfrac{n-1}{n},\ \dfrac{n}{n} = 1$ とし，各小区間 $\left[\dfrac{i-1}{n},\ \dfrac{i}{n}\right]$ の右端の値 $f\left(\dfrac{i}{n}\right)$ を高さにもつ幅 $\dfrac{1}{n}$ の長方形の面積の和 S_n を求めようとすると

$$S_n = \sum_{i=1}^{n} f\left(\frac{i}{n}\right)\frac{1}{n} = \frac{1}{n}\sum_{i=1}^{n} f\left(\frac{i}{n}\right) = \frac{1}{n}\sum_{i=1}^{n} \sin\frac{i}{n}$$

$$= \frac{1}{n}\left(\sin\frac{1}{n} + \sin\frac{2}{n} + \cdots + \sin\frac{n}{n}\right) \text{※}$$

となり，かっこ内の和（※90ページ ☞ を参照）を求めるのが困難です。ほかの分割のしかたを考えるべきでしょうか？　しかし，そもそも与えられた関数 $f(x)$ に応じて，分割のしかたを工夫しなければならないということ自体が，定積分の計算を難しくしている根本的な原因といえます。

一般に，与えられた関数 $f(x)$ に対してリーマン和および $n \to \infty$ としたときの極限値を求めることは容易ではありません。

この'難題'を劇的に解決してくれるのが，次の微分積分学の基本公式です。

定理 3.2　微分積分学の基本公式

関数 $f(x)$ の原始関数の1つを $F(x)$ とすると

$$\int_a^b f(x)\,dx = F(b) - F(a)$$

が成り立つ。また，$F(b) - F(a)$ を $\left[F(x)\right]_a^b$ と書く。

　証明は後回しにして，この定理を使って定積分の値を求めてみましょう。

$\int_a^b f(x)dx$ の右辺に**リーマン和の極限値**の式が書かれていません。そして，$f(x)$ の「原始関数（不定積分）」ということばが出てきています。

　この定理によると，たとえば定数関数 $f(x)=5$ に対して定積分 $\int_3^8 5\,dx$ の値を求める場合，$f(x)$ の原始関数の1つは $F(x)=5x$ ですから

$$\int_3^8 5\,dx = \big[5x\big]_3^8 = 5\cdot 8 - 5\cdot 3 = 5(8-3) = 25$$

として，値を求められるのです。

　また，$f(x)=x^2$ に対して，定積分 $\int_0^1 x^2\,dx$ の値を求めると，$f(x)$ の原始関数の1つは $F(x)=\dfrac{1}{3}x^3$ ですから

$$\int_0^1 x^2\,dx = \left[\frac{1}{3}x^3\right]_0^1 = \frac{1}{3}\big(1^3 - 0^3\big) = \frac{1}{3}$$

と，いとも簡単に値を得られます。区分求積法ではリーマン和を求めるとき，面倒な計算をしなくてはなりませんでしたね。

　ほかにも

$$\int_0^1 x^3\,dx = \left[\frac{1}{4}x^4\right]_0^1 = \frac{1}{4}\big(1^4 - 0^4\big) = \frac{1}{4}\ ,\quad \int_0^1 \sqrt{x}\,dx = \left[\frac{2}{3}x\sqrt{x}\right]_0^1 = \frac{2}{3}$$

$$\int_1^e \frac{1}{x}\,dx = \big[\log|x|\big]_1^e = \log e - \log 1 = 1\ ,\quad \int_0^1 e^x\,dx = \big[e^x\big]_0^1 = e^1 - e^0 = e-1$$

などと，一瞬で答えが出せます。先ほど困っていた $\int_0^1 \sin x\,dx$ の計算も

$$\int_0^1 \sin x\,dx = \big[-\cos x\big]_0^1 = -\cos 1 - (-\cos 0) = -\cos 1 + 1$$

と値を得られますね。**リーマン和によって計算する必要がないのです。**また，定積分の記号 $\int_a^b f(x)dx$ が不定積分 $\int f(x)dx$ を用いて表されている理由がこれでわかりましたね。

　では，この微分積分学の基本公式を順を追って証明していきましょう。ただ先を急がれる読者は92ページの3.2節に進んでいただいても構いません。

　まず，定理3.3と定理3.4を証明なしに用いることにします。

定理 3.3	中間値の定理

$y=f(x)$ が $[a,\ b]$ で連続で $f(a) \neq f(b)$ とするとき，$f(a)$ と $f(b)$ の間の任意の値 p に対して $f(c)=p$ となる点 $c \in (a,\ b)$ が存在する。

定理 3.4	最大値・最小値の定理

関数 $y=f(x)$ が閉区間 $[a,\ b]$ で連続ならば，$f(x)$ は $[a,\ b]$ で最大値および最小値をとる。

では次の定理に進みましょう。

定理 3.5	積分の平均値の定理

関数 $f(x)$ が区間 $[a,\ b]$ で連続ならば
$$\frac{1}{b-a}\int_a^b f(x)dx = f(c)$$
となる $c \in (a,\ b)$ が存在する。

この定理の幾何学的な意味は，$\displaystyle\int_a^b f(x)dx = f(c)(b-a)$ と書けることから斜線部分の

面積 $\displaystyle\int_a^b f(x)dx$ と，水色の長方形の面積 $f(c)(b-a)$ が

等しくなるような点 c を a と b の間にとれる，という
ことです。

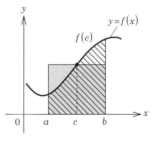

$f(x)$ は $[a,\ b]$ で連続ですから，**定理3.4** より，最小値 $f(x_1)=m$ と最大値 $f(x_2)=M$ となる x_1，x_2（x_1，$x_2 \in [a,\ b]$）が存在します。
$$m \leq f(x) \leq M$$
であって
$$m(b-a) \leq \int_a^b f(x)dx \leq M(b-a)$$

となりますね（下図）。

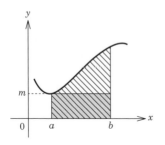 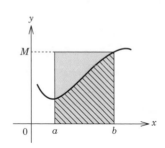

そして各辺を $b-a$ で割って

$$m \le \frac{1}{b-a}\int_a^b f(x)dx \le M$$

ここで 定理3.3 より，$a<c<b$ で

$$\frac{1}{b-a}\int_a^b f(x)dx = f(c)$$

となるものが存在します。よって，証明されました。

では，次の微分積分学の基本定理に進みましょう。

定理 3.6　微分積分学の基本定理

$f(x)$ を連続関数とすると

$$\frac{d}{dx}\int_a^x f(t)dt = f(x)$$

$f(t)$，$f(x)$ という変数の文字に注意してください。

関数 $f(x)$ の導関数の定義式をもう一度書いておきます。

$$f'(x) = \lim_{h \to 0} \frac{f(x+h)-f(x)}{h}$$

なお，$f'(x)$ は $\dfrac{df}{dx}$，$\dfrac{d}{dx}f(x)$ とも書けるのでした。したがって

$$S(x) = \int_a^x f(t)dt$$

とおくと

$$\frac{dS}{dx} = \lim_{h \to 0} \frac{S(x+h) - S(x)}{h}$$

$$= \lim_{h \to 0} \frac{1}{h}\left(\int_a^{x+h} f(t)dt - \int_a^x f(t)dt \right)$$

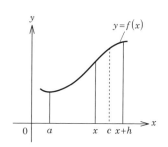

$$= \lim_{h \to 0} \frac{1}{h} \int_x^{x+h} f(t)dt$$

であって，積分の平均値の定理より

$$\frac{1}{h} \int_x^{x+h} f(t)dt = f(c)$$

となる c が，x と $x+h$ の間に存在します。$h \to 0$ とすると $c \to x$ となり，$f(x)$ は連続ですから

$$\frac{dS}{dx} = \lim_{h \to 0} f(c) = \lim_{c \to x} f(c) = f(x)$$

となります。すなわち，$\dfrac{d}{dx} \displaystyle\int_a^x f(t)dt = f(x)$ となることがいえました。

では，いよいよ 定理3.2 の微分積分学の基本公式を証明しましょう。

微分積分学の基本定理より，$\displaystyle\int_a^x f(t)dt$ は $f(x)$ の原始関数の1つですから

$$\int_a^x f(t)dt = F(x) + C$$

と書けます。$x=a$ とすると，リーマン和の定義から明らかに

$$\int_a^a f(t)dt = 0$$

であって　$F(a) + C = 0$，　すなわち　$C = -F(a)$ ですから

$$\int_a^x f(t)dt = F(x) - F(a)$$

となり，さらに $x=b$ とすると

$$\int_a^b f(t)dt = F(b) - F(a)$$

を得ます。ここで変数を t から x に変えると

$$\int_a^b f(x)dx = F(b) - F(a)$$

となり，定理が証明されました。

$\sin\dfrac{1}{n} + \sin\dfrac{2}{n} + \cdots + \sin\dfrac{n}{n}$ の求め方

$$\mathrm{Tn} = \sin\frac{1}{n} + \sin\frac{2}{n} + \cdots + \sin\frac{n}{n} = \sum_{i=1}^{n}\sin\frac{i}{n}$$

とおいて， $2\sin\dfrac{1}{2n}$ を掛けると

$$2\mathrm{Tn}\sin\frac{1}{2n} = 2\sin\frac{1}{n}\sin\frac{1}{2n} + 2\sin\frac{2}{n}\sin\frac{1}{2n} + \cdots + 2\sin\frac{n}{n}\sin\frac{1}{2n}$$

$$= \sum_{i=1}^{n} 2\sin\frac{i}{n}\sin\frac{1}{2n}$$

であり，積を差に直す公式 $2\sin A\sin B = \cos(A-B) - \cos(A+B)$ より

$$2\mathrm{Tn}\sin\frac{1}{2n} = \sum_{i=1}^{n}\left\{\cos\left(\frac{i}{n} - \frac{1}{2n}\right) - \cos\left(\frac{i}{n} + \frac{1}{2n}\right)\right\}$$

$$= \sum_{i=1}^{n}\left(\cos\frac{2i-1}{2n} - \cos\frac{2i+1}{2n}\right)$$

$$= \left(\cos\frac{1}{2n} - \cos\frac{3}{2n}\right)$$

$$+ \left(\cos\frac{3}{2n} - \cos\frac{5}{2n}\right)$$

$$+ \left(\cos\frac{2n-1}{2n} - \cos\frac{2n+1}{2n}\right)$$

$$= \cos\frac{1}{2n} - \cos\frac{2n+1}{2n}$$

よって

$$\mathrm{Tn} = \frac{1}{2\sin\dfrac{1}{2n}}\left\{\cos\frac{1}{2n} - \cos\left(1+\frac{1}{2n}\right)\right\}$$

となる。ここで

$$\frac{1}{n}\mathrm{Tn} = \frac{1}{2n\sin\dfrac{1}{2n}}\left\{\cos\frac{1}{2n} - \cos\left(1+\frac{1}{2n}\right)\right\}$$

$$= \frac{1}{\dfrac{\sin\dfrac{1}{2n}}{\dfrac{1}{2n}}}\left\{\cos\frac{1}{2n} - \cos\left(1+\frac{1}{2n}\right)\right\}$$

であり, $n \to \infty$ とすると

$$\lim_{n\to\infty}\frac{1}{n}\mathrm{Tn} = \lim_{n\to\infty}\frac{1}{\dfrac{\sin\dfrac{1}{2n}}{\dfrac{1}{2n}}}\left\{\cos\frac{1}{2n} - \cos\left(1+\frac{1}{2n}\right)\right\}$$

$$= \frac{1}{1}\cdot\left(\cos 0 - \cos 1\right) = 1 - \cos 1$$

を得る。

3.2 定積分の計算

実際に定積分の計算をしましょう。

定理3.2 に「原始関数の1つを $F(x)$ とする」とありますが，たとえば関数 x^2 の原始関数は

$$\frac{1}{3}x^3, \quad \frac{1}{3}x^3+2, \quad \frac{1}{3}x^3-\frac{1}{2}$$

など，いくらでも考えられますが，これらはすべて定数の差しかないことがわかります。積分定数 C を用いると

$$\int x^2\,dx = \frac{1}{3}x^3 + C$$

であり，x^2 を $x=1$ から $x=3$ まで積分すると

$$\int_1^3 x^2\,dx = \left[\frac{1}{3}x^3 + C\right]_1^3 = \left(\frac{1}{3}\cdot 3^3 + C\right) - \left(\frac{1}{3}\cdot 1^3 + C\right)$$

となって C は打ち消し合うことがわかります。したがって最初から C を省略して

$$\int_1^3 x^2\,dx = \left[\frac{1}{3}x^3\right]_1^3 = \frac{1}{3}\left(3^3 - 1^3\right) = \frac{26}{3}$$

としてよいことがわかります。

定積分は，いろいろな計算のしかたがあります。たとえば $\int_{-1}^3 (3x+1)dx$ なら

$$\int_{-1}^3 (3x+1)dx = \left[\frac{3}{2}x^2 + x\right]_{-1}^3 = \left(\frac{3}{2}\cdot 3^2 + 3\right) - \left\{\frac{3}{2}\cdot(-1)^2 - 1\right\}$$

$$= \left(\frac{27}{2}+3\right) - \left(\frac{3}{2}-1\right) = \frac{24}{2}+4 = 12+4 = 16$$

あるいは

$$\int_{-1}^3 (3x+1)dx = 3\int_{-1}^3 x\,dx + \int_{-1}^3 1\,dx = 3\left[\frac{1}{2}x^2\right]_{-1}^3 + \left[x\right]_{-1}^3$$

$$= \frac{3}{2}\left\{3^2 - (-1)^2\right\} + \left\{3-(-1)\right\} = \frac{3}{2}\cdot 8 + 4 = 12+4 = 16$$

のように項別積分してもかまいません。

定理 3.6　定積分の性質

(1) $\displaystyle\int_a^b \{f(x)+g(x)\}dx = \int_a^b f(x)dx + \int_a^b g(x)dx$

(2) $\displaystyle\int_a^b kf(x)dx = k\int_a^b f(x)dx$

(3) $\displaystyle\int_a^b f(x)dx = \int_a^c f(x)dx + \int_c^b f(x)dx$

(4) $\displaystyle\int_a^b f(x)dx = -\int_b^a f(x)dx$

例題 2

次の定積分の値を求めよ。

① $\displaystyle\int_{-1}^2 (3x^2 - 2x - 5)dx$　　② $\displaystyle\int_{\frac{\pi}{2}}^{\pi} (-\sin x + 4\cos x)dx$

③ $\displaystyle\int_{-2}^1 (3e^x - 4e^{3x})dx$　　④ $\displaystyle\int_1^2 3^x dx$

解き方

① $\displaystyle\int_{-1}^2 (3x^2 - 2x - 5)dx = \left[x^3 - x^2 - 5x \right]_{-1}^2$

$$= (2^3 - 2^2 - 5\cdot 2) - \left\{ \boxed{\quad ア \quad} \right\} = \boxed{イ} - \boxed{ウ} = \boxed{エ}$$

② $\displaystyle\int_{\frac{\pi}{2}}^{\pi} (-\sin x + 4\cos x)dx = \left[\cos x + 4\sin x \right]_{\frac{\pi}{2}}^{\pi}$

$$= \left(\boxed{\quad オ \quad} \right) - \left(\boxed{\quad カ \quad} \right) = \boxed{キ} - \boxed{ク} = \boxed{ケ}$$

③ $\displaystyle\int_{-2}^{1}\left(3e^{x}-4e^{3x}\right)dx = 3\int_{-2}^{1}e^{x}\,dx - 4\int_{-2}^{1}e^{3x}\,dx$

$$= 3\Big[\boxed{\text{コ}}\Big]_{-2}^{1} - 4\Big[\boxed{\text{サ}}\Big]_{-2}^{1}$$

$$= 3\Big(\boxed{\ \text{シ}\ } - \boxed{\ \text{ス}\ }\Big) - 4\Big(\boxed{\ \ \text{セ}\ \ } - \boxed{\ \ \text{ソ}\ \ }\Big)$$

$$= \boxed{\text{タ}}$$

④ $\displaystyle\int_{1}^{2}3^{x}dx = \left[\dfrac{3^{x}}{\log 3}\right]_{1}^{2} = \dfrac{1}{\log 3}\Big(\boxed{\ \text{チ}\ } - \boxed{\ \text{ツ}\ }\Big) = \boxed{\ \text{テ}\ }$

練 習 問 題 **1**

① $\boxed{}$ を埋めることにより，定積分の値を求めよ。

① $\displaystyle\int_{1}^{3}\left(9x^{2}-6x+2\right)dx = \Big[\boxed{\text{ア}}\Big]_{1}^{3}$

$$= \Big(\boxed{\text{イ}}\Big) - \Big(\boxed{\text{ウ}}\Big) = \boxed{\ \text{エ}\ }$$

② $\displaystyle\int_{0}^{1}e^{x}\,dx = \Big[\boxed{\ \text{オ}\ }\Big]_{0}^{1} = \boxed{\ \text{カ}\ } - \boxed{\ \text{キ}\ } = \boxed{\text{ク}}$

③ $\displaystyle\int_{2}^{5}5^{x}\,dx = \Big[\boxed{\text{ケ}}\Big]_{2}^{3} = \boxed{\ \text{コ}\ } - \boxed{\ \text{サ}\ } = \boxed{\ \text{シ}\ }$

④ $\displaystyle\int_{2}^{3}\dfrac{2}{5x-7}dx = \Big[\dfrac{2}{5}\boxed{\text{ス}}\Big]_{2}^{3} = \dfrac{2}{5}\Big(\boxed{\text{セ}} - \boxed{\text{ソ}}\Big)$

$$= \boxed{\text{タ}}$$

⑤ $\displaystyle\int_{0}^{1}\cos(3x-5)dx = \Big[\dfrac{1}{3}\boxed{\text{チ}}\Big]_{0}^{1} = \dfrac{1}{3}\Big\{\boxed{\text{ツ}} - \boxed{\text{テ}}\Big\}$

2　次の定積分の値を求めよ。

① $\displaystyle\int_1^2 \left(3x^2 - 2x + 1\right)dx$

② $\displaystyle\int_1^3 \left(1 - \frac{3}{x}\right)^2 dx$

③ $\displaystyle\int_{\frac{\pi}{6}}^{\frac{\pi}{3}} \left(2\cos x - 3\sin x\right)dx$

④ $\displaystyle\int_0^1 \left(e^x + e^{-x}\right)^2 dx$

⑤ $\displaystyle\int_2^3 \frac{4}{2x-3}dx$

3　次の定積分の値を求めよ。

① $\displaystyle\int_0^2 3x^2(x-1)dx$

② $\displaystyle\int_1^4 \frac{x^2 - 3x}{\sqrt{x}}dx$

③ $\displaystyle\int_0^{\frac{\pi}{2}} \left(e^x + \cos x\right)dx$

④ $\displaystyle\int_{-1}^1 \left(5x^4 - 3x^3 + x^2 - 1\right)dx$

⑤ $\displaystyle\int_0^1 \left(e^x + 1\right)^2 dx$

⑥ $\displaystyle\int_{-\frac{1}{2}}^{\frac{1}{2}} \left(e^x - e^{-x}\right)^2 dx$

⑦ $\displaystyle\int_1^4 \left(\sqrt{x} - \frac{1}{x}\right)dx$

⑧ $\displaystyle\int_{\frac{1}{3}}^3 \sqrt[3]{3x-1}\,dx$

⑨ $\displaystyle\int_0^{\frac{\pi}{3}} \left(3\sin x - \cos 2x\right)dx$

⑩ $\displaystyle\int_{-1}^1 \frac{dx}{\left(3x+5\right)^2}$

⑪ $\displaystyle\int_0^{\frac{\pi}{3}} \tan x\,dx$

⑫ $\displaystyle\int_0^{\frac{\pi}{3}} \tan^2 x\,dx \quad \left[\tan^2 x = \frac{1}{\cos^2 x} - 1\right]$

逆三角関数の微分からただちに得られる次の公式を思い出しましょう。

$$\int \frac{dx}{\sqrt{a^2 - x^2}} = \text{Sin}^{-1}\frac{x}{a} + C \quad (a > 0)$$

$$\int \frac{dx}{x^2 + a^2} = \frac{1}{a} \mathrm{Tan}^{-1} \frac{x}{a} + C \quad (a > 0)$$

$$\int \frac{dx}{\sqrt{x^2 + A}} = \log \left| x + \sqrt{x^2 + A} \right| + C \quad (A \neq 0)$$

これらの公式を使って，次のような定積分の値を計算することができます。

例1　$\displaystyle \int_0^{\frac{1}{2}} \frac{3}{\sqrt{1 - x^2}} \, dx = 3 \int_0^{\frac{1}{2}} \frac{dx}{\sqrt{1 - x^2}} = 3 \left[\mathrm{Sin}^{-1} x \right]_0^{\frac{1}{2}}$

$$= 3 \left(\mathrm{Sin}^{-1} \frac{1}{2} - \mathrm{Sin}^{-1} 0 \right) = 3 \cdot \frac{\pi}{6} = \frac{\pi}{2}$$

例2　$\displaystyle \int_1^3 \frac{dx}{x^2 + 3} = \int_1^3 \frac{dx}{x^2 + \left(\sqrt{3} \right)^2} = \left[\frac{1}{\sqrt{3}} \mathrm{Tan}^{-1} \frac{x}{\sqrt{3}} \right]_1^3$

$$= \frac{1}{\sqrt{3}} \left(\mathrm{Tan}^{-1} \frac{3}{\sqrt{3}} - \mathrm{Tan}^{-1} \frac{1}{\sqrt{3}} \right) = \frac{1}{\sqrt{3}} \left(\mathrm{Tan}^{-1} \sqrt{3} - \mathrm{Tan}^{-1} \frac{1}{\sqrt{3}} \right)$$

$$= \frac{1}{\sqrt{3}} \left(\frac{\pi}{3} - \frac{\pi}{6} \right) = \frac{\pi}{6\sqrt{3}}$$

例3　$\displaystyle \int_0^{\sqrt{3}} \frac{dx}{\sqrt{x^2 + 9}} = \left[\log \left| x + \sqrt{x^2 + 9} \right| \right]_0^{\sqrt{3}} = \log \left(\sqrt{3} + 2\sqrt{3} \right) - \log 3$

$$= \log \frac{3\sqrt{3}}{3} = \log \sqrt{3} = \frac{1}{2} \log 3$$

例 題 3

次の定積分の値を求めよ。

① $\displaystyle \int_0^1 \frac{dx}{\sqrt{4 - x^2}}$　　② $\displaystyle \int_0^5 \frac{2}{x^2 + 25} \, dx$　　③ $\displaystyle \int_0^1 \frac{dx}{\sqrt{x^2 + 1}}$

解き方

① $\displaystyle \int_0^1 \frac{dx}{\sqrt{4 - x^2}} = \int_0^1 \frac{dx}{\sqrt{2^2 - x^2}} = \left[\boxed{ \text{ア} } \right]_0^1$

$$= \boxed{\qquad イ \qquad} - \boxed{\qquad ウ \qquad} = \boxed{エ}$$

② $\displaystyle\int_0^5 \frac{2}{x^2+25}\,dx = 2\int_0^5 \frac{dx}{x^2+\boxed{オ}^2} = 2\left[\boxed{\qquad\qquad カ \qquad\qquad}\right]_0^5$

$$= 2\left\{\boxed{\qquad キ \qquad} - \boxed{\qquad ク \qquad}\right\} = \boxed{ケ}$$

③ $\displaystyle\int_0^1 \frac{dx}{\sqrt{x^2+1}} = \left[\log\left|\boxed{\qquad コ \qquad}\right|\right]_0^1$

$$= \boxed{\qquad サ \qquad} - \boxed{\qquad シ \qquad} = \boxed{ス}$$

■

===== 練習問題 2 =====

次の定積分の値を求めよ。

① $\displaystyle\int_0^3 \frac{dx}{\sqrt{36-x^2}}$ 　② $\displaystyle\int_{-1}^1 \frac{dx}{\sqrt{2-x^2}}$ 　③ $\displaystyle\int_0^2 \frac{3}{x^2+4}\,dx$

④ $\displaystyle\int_{\frac{1}{3}}^1 \frac{dx}{3x^2+1}$ 　⑤ $\displaystyle\int_0^1 \frac{5}{\sqrt{x^2+4}}\,dx$ 　⑥ $\displaystyle\int_3^4 \frac{dx}{\sqrt{x^2-3}}$

では今度は，**置換積分法**を用いて定積分を求めてみましょう。

たとえば $\displaystyle\int_1^2 (2x-3)^4\,dx$ のような計算は $\left\{\dfrac{1}{10}(2x-3)^5\right\}' = (2x-3)^4$ といった**合成関数の微分法**がわかっていれば

$$\int_1^2 (2x-3)^4\,dx = \left[\frac{1}{10}(2x-3)^5\right]_1^2 = \frac{1}{10}\left\{1^5-(-1)^5\right\} = \frac{2}{10} = \frac{1}{5}$$

と求められます。しかし今回は，別の方法で計算してみましょう。

$2x-3=t$ とおくと $2dx=dt$ すなわち $dx=\dfrac{1}{2}dt$

ですね。**置換積分法**

$$\int (2x-3)^4\,dx = \int t^4 \cdot \frac{1}{2}dt = \frac{1}{2}\int t^4\,dt$$

を思い出してください。今回は定積分なので**積分区間を考える必要がある**ことに注意します。$2x-3=t$ と変数変換しているので，x の値に応じて t の値も変化するのです。

$x=1$ のとき $t=-1$

$x=2$ のとき $t=1$

ですね。したがって

$$\int_1^2 (2x-3)^4\,dx = \frac{1}{2}\int_{-1}^1 t^4\,dt = \frac{1}{2}\left[\frac{1}{5}t^5\right]_{-1}^1 = \frac{1}{2}\cdot\frac{1}{5}\left\{1^5-(-1)^5\right\} = \frac{2}{10} = \frac{1}{5}$$

と計算できます。なお置換積分法で不定積分を計算する場合は

$$\frac{1}{2}\int t^4\,dt = \frac{1}{2}\cdot\frac{1}{5}t^5 + C = \frac{1}{10}t^5 + C = \frac{1}{10}(2x-3)^5 + C$$

と，**最後に x の式に戻す必要があった**のですが，**定積分の計算は t の式のまま計算できて，x の式に戻す必要はない**のです。t の式のままで答えに到達できるのが不定積分との大きな違いです。

ほかの例も見てみましょう。

例1 $\displaystyle\int_0^{\frac{\pi}{2}} \frac{\cos x}{1+2\sin x}dx$

$\sin x=t$ とおくと $\cos x\,dx=dt$

$x=0$ のとき $t=0$

$x=\dfrac{\pi}{2}$ のとき $t=1$

$$\int_0^{\frac{\pi}{2}} \frac{\cos x}{1+2\sin x}dx = \int_0^1 \frac{dt}{1+2t} = \left[\frac{1}{2}\log|1+2t|\right]_0^1$$

$$= \frac{1}{2}(\log 3 - \log 1) = \frac{1}{2}\log 3$$

例2 $\displaystyle\int_1^2 xe^{x^2}dx$

$x^2=t$ とおくと $2x\,dx=dt,\quad x\,dx=\dfrac{1}{2}dt$

$x=1$ のとき $t=1$

$x=2$ のとき $t=4$

$$\int_1^2 xe^{x^2}\,dx = \int_1^4 e^t\cdot\frac{1}{2}\,dt = \frac{1}{2}\int_1^4 e^t\,dt = \frac{1}{2}\Big[e^t\Big]_1^4$$

$$= \frac{1}{2}\big(e^4-e^1\big) = \frac{1}{2}\big(e^4-e\big)$$

例3 $\displaystyle\int_1^e \frac{\log x}{x}\,dx$

$\log x=t$ とおくと $\dfrac{1}{x}\,dx = dt$

$x=1$ のとき $t=\log 1=0$

$x=e$ のとき $t=\log e=1$

$$\int_1^e \frac{\log x}{x}\,dx = \int_0^1 t\,dt = \left[\frac{1}{2}t^2\right]_0^1 = \frac{1}{2}$$

例題 4

置換積分法を用いて，次の定積分の値を求めよ。

① $\displaystyle\int_0^1 x\big(x^2-1\big)^3 dx$　　② $\displaystyle\int_0^{\frac{\pi}{4}} \cos^3 x\sin x\,dx$

解き方

① $x^2-1=t$ とおくと $2x\,dx=dt$, $x\,dx=\boxed{\ \ ア\ \ }dt$

$x=0$ のとき $t=\boxed{\ \ イ\ \ }$

$x=1$ のとき $t=\boxed{\ \ ウ\ \ }$

$$\int_0^1 x\big(x^2-1\big)^3 dx = \int_{\boxed{オ}}^{\boxed{エ}} \boxed{\ \ \ カ\ \ \ }\,dt = \left[\ \boxed{\ \ \ キ\ \ \ }\ \right]_{\boxed{ケ}}^{\boxed{ク}}$$

$$= \boxed{\ \ コ\ \ } - \boxed{\ \ サ\ \ } = \boxed{\ \ シ\ \ }$$

② $\cos x=t$ とおくと $-\sin x\,dx=dt$, $\sin x\,dx=\boxed{}$ ス

$x=0$ のとき $t=\boxed{}$ セ

$x=\dfrac{\pi}{4}$ のとき $t=\boxed{}$ ソ

$$\int_0^{\frac{\pi}{4}}\cos^3 x\sin x\,dx=\int_{\boxed{}\,\text{チ}}^{\boxed{}\,\text{タ}}\left(\boxed{}\,\text{ッ}\right)dt=\left[\boxed{}\,\text{テ}\right]_{\boxed{}\,\text{ナ}}^{\boxed{}\,\text{ト}}$$

$$=\boxed{}\,\text{ニ}-\left(\boxed{}\,\text{ヌ}\right)=\boxed{}\,\text{ネ}$$

■

═══ 練習問題 ❸ ═══

置換積分法を用いて，次の定積分の値を求めよ。

① $\displaystyle\int_0^1 x\left(x^2+1\right)^3 dx$ 　　② $\displaystyle\int_0^2 \frac{x^2}{\sqrt{x^3+1}}\,dx$

③ $\displaystyle\int_0^{\frac{\pi}{2}} \sin^2 x\cos x\,dx$ 　　④ $\displaystyle\int_0^{\frac{\pi}{4}} \sin^3 x\,dx$　$\left[\sin^3 x=\left(1-\cos^2 x\right)\sin x\right]$

例題 ❺

置換積分法を用いて，次の定積分の値を求めよ。

① $\displaystyle\int_{-1}^1 x^2 e^{x^3+2}dx$ 　　② $\displaystyle\int_e^{e^2} \frac{1}{x\log x}\,dx$

解き方

① $x^3+2=t$ とおくと $3x^2dx=dt$, $x^2dx=\boxed{\text{ア}}dt$

$x=-1$ のとき $t=\boxed{\text{イ}}$

$x=1$ のとき $t=\boxed{\text{ウ}}$

$$\int_{-1}^{1}x^2e^{x^3+2}dx=\int_{\boxed{\text{オ}}}^{\boxed{\text{エ}}}\boxed{\quad\text{カ}\quad}dt=\left[\boxed{\quad\text{キ}\quad}\right]_{\boxed{\text{ケ}}}^{\boxed{\text{ク}}}$$

$$=\boxed{\quad\text{コ}\quad}-\boxed{\quad\text{サ}\quad}=\boxed{\quad\text{シ}\quad}$$

② $\log x=t$ とおくと $\dfrac{1}{x}dx=dt$

$x=e$ のとき $t=\boxed{\text{ス}}$

$x=e^2$ のとき $t=\boxed{\text{セ}}$

$$\int_{e}^{e^2}\frac{1}{x\log x}dx=\int_{\boxed{\text{タ}}}^{\boxed{\text{ソ}}}\boxed{\text{チ}}\,dt=\left[\boxed{\quad\text{ツ}\quad}\right]_{\boxed{\text{ト}}}^{\boxed{\text{テ}}}$$

$$=\boxed{\quad\text{ナ}\quad}-\boxed{\quad\text{ニ}\quad}=\boxed{\quad\text{ヌ}\quad}$$

■

═══════════ 練 習 問 題 **4** ═══════════

置換積分法を用いて，次の定積分の値を求めよ。

① $\displaystyle\int_0^1\frac{e^x}{\left(e^x+1\right)^2}dx$ 　　 ② $\displaystyle\int_0^1\frac{e^x}{e^x+e^{-x}}dx$ 　　 ③ $\displaystyle\int_1^e\frac{\left(\log x\right)^2}{x}dx$

今度は，**部分積分法**を用いて定積分の値を求めてみましょう。積の微分公式から

$$\int f'(x)g(x)dx=f(x)g(x)-\int f(x)g'(x)dx$$

が得られたのでしたね。この公式から，$f'(x)$, $g'(x)$がともに $[a, b]$ で積分可能ならば

$$\int_a^b f'(x)g(x)dx = \left[f(x)g(x)\right]_a^b - \int_a^b f(x)g'(x)dx$$

または

$$\int_a^b f(x)g'(x)dx = \left[f(x)g(x)\right]_a^b - \int_a^b f'(x)g(x)dx$$

となることがわかります。

　たとえば定積分 $\int_0^1 xe^x dx$ の値を求めてみましょう。$(e^x)' = e^x$ に注意して

$$\int_0^1 \underset{fg'}{xe^x} dx = \left[\underset{fg}{xe^x}\right]_0^1 - \int_0^1 \underset{f'\ g}{(x)' e^x} dx = e - \int_0^1 e^x dx$$

$$= e - \left[e^x\right]_0^1 = e - \left(e^1 - e^0\right) = e^0 = 1$$

となることがわかりますね。

　ほかにもたとえば $\int_0^{\frac{\pi}{2}} x\sin x\,dx$ の値は

$$\int_0^{\frac{\pi}{2}} \underset{f\ g'}{x\sin x}\, dx = \int_0^{\frac{\pi}{2}} \underset{f\quad g'}{x(-\cos x)'}\, dx$$

$$= \left[\underset{f\ g}{-x\cos x}\right]_0^{\frac{\pi}{2}} + \int_0^{\frac{\pi}{2}} \underset{f'\quad g}{(x)' \cos x}\, dx$$

$$= \int_0^{\frac{\pi}{2}} \cos x\, dx$$

$$= \left[\sin x\right]_0^{\frac{\pi}{2}}$$

$$= \sin\frac{\pi}{2} - \sin 0 = 1$$

などと計算できます。なお，これらの定積分は 'I' を用いて

$$I = \int_0^1 xe^x dx, \quad I = \int_0^{\frac{\pi}{2}} x\sin x\, dx$$

と表すことがあります。

例題 6

部分積分法を用いて，$I = \displaystyle\int_1^2 x\log x\, dx$ を求めよ。

解き方

$$I = \int_1^2 x\log x\, dx = \int_1^2 \left(\frac{1}{2}x^2\right)' \log x\, dx$$

$$= \left[\frac{1}{2}x^2\log x\right]_1^2 - \int_1^2 \frac{1}{2}x^2 \left(\log x\right)' dx$$

$$= \frac{1}{2}\left(4\log 2 - \log 1\right) - \frac{1}{2}\int_1^2 \boxed{\ \text{ア}\ }\, dx$$

$$= 2\log 2 - \frac{1}{4}\left[\boxed{\ \text{イ}\ }\right]_1^2 = \boxed{\qquad \text{ウ} \qquad}$$

練習問題 5

部分積分法を用いて，次の定積分の値を求めよ。

① $\displaystyle\int_1^2 xe^{3x}\, dx$ 　　② $\displaystyle\int_0^2 x(x-2)^5\, dx$

③ $\displaystyle\int_1^e \left(\log x\right)^2 dx$ 　　④ $\displaystyle\int_0^{\frac{\pi}{2}} x^2\sin x\, dx$

では，逆三角関数の微分を含む定積分の値を求めてみましょう。たとえば

$$\int_0^1 \mathrm{Tan}^{-1}x\, dx$$

の計算は，$\mathrm{Tan}^{-1}x = 1\cdot\mathrm{Tan}^{-1}x = (x)'\cdot\mathrm{Tan}^{-1}x$ より

$$I = \int_0^1 (x)' \mathrm{Tan}^{-1}x\,dx = \left[x\,\mathrm{Tan}^{-1}x \right]_0^1 - \int_0^1 x\left(\mathrm{Tan}^{-1}x\right)' dx$$

$$= \mathrm{Tan}^{-1}1 - \int_0^1 x \cdot \frac{1}{1+x^2}\,dx = \frac{\pi}{4} - \int_0^1 \frac{x}{1+x^2}\,dx$$

ここで2項目は

$$\int_0^1 \frac{x}{1+x^2}\,dx = \int_0^1 \frac{1}{2} \cdot \frac{\left(1+x^2\right)'}{1+x^2}\,dx = \left[\frac{1}{2}\log\left(1+x^2\right) \right]_0^1$$

$$= \frac{1}{2}\left(\log 2 - \log 1\right) = \frac{1}{2}\log 2$$

ですから

$$I = \frac{\pi}{4} - \frac{1}{2}\log 2$$

となります。

練 習 問 題 6

部分積分法を用いて，次の定積分の値を求めよ。

① $\displaystyle\int_0^1 x\,\mathrm{Tan}^{-1}x\,dx$ 　　② $\displaystyle\int_0^{\frac{1}{2}} \frac{x\,\mathrm{Sin}^{-1}x}{\sqrt{1-x^2}}\,dx$ 　　③ $\displaystyle\int_0^1 \frac{dx}{\left(x^2+1\right)^2}$

三角関数の定積分には，いくつか美しい結果を得られるものがあります。たとえば

$$\int_0^{\frac{\pi}{2}} \sin^n x\,dx = \int_0^{\frac{\pi}{2}} \cos^n x\,dx = \begin{cases} \dfrac{n-1}{n} \cdot \dfrac{n-3}{n-2} \cdots \dfrac{4}{5} \cdot \dfrac{2}{3} & (n:奇数) \\[3mm] \dfrac{n-1}{n} \cdot \dfrac{n-3}{n-2} \cdots \dfrac{3}{4} \cdot \dfrac{1}{2} \cdot \dfrac{\pi}{2} & (n:偶数) \end{cases} \quad \cdots (3.1)$$

を導いてみましょう。

$\displaystyle\int_0^{\frac{\pi}{2}}\sin^n x\,dx$ において，置換 $x=\dfrac{\pi}{2}-t$ を行うと $\sin\left(\dfrac{\pi}{2}-t\right)=\cos t$ であり

$\qquad x=0$ のとき $t=\dfrac{\pi}{2}$

$\qquad x=\dfrac{\pi}{2}$ のとき $t=0$

また $dx=-dt$ ですから

$$\int_0^{\frac{\pi}{2}}\sin^n x\,dx=\int_{\frac{\pi}{2}}^0\sin^n\left(\frac{\pi}{2}-t\right)\cdot(-dt)=\int_{\frac{\pi}{2}}^0\cos^n t(-dt)$$

$$=\int_0^{\frac{\pi}{2}}\cos^n t\,dt=\int_0^{\frac{\pi}{2}}\cos^n x\,dx$$

となり式 (3.1) の前半がいえました。次に，61ページの漸化式 (2.3) より

$$I_n=\int\sin^n x\,dx=-\frac{1}{n}\sin^{n-1}x\cos x+\frac{n-1}{n}I_{n-2}$$

でした。これを用いると $x=0$ から $x=\dfrac{\pi}{2}$ までの定積分は

$$I_n=\int_0^{\frac{\pi}{2}}\sin^n x\,dx=\left[-\frac{1}{n}\sin^{n-1}x\cos x\right]_0^{\frac{\pi}{2}}+\frac{n-1}{n}I_{n-2}$$

で，1項目は $-\dfrac{1}{n}\left(\sin^{n-1}\dfrac{\pi}{2}\cos\dfrac{\pi}{2}-\sin^{n-1}0\cos0\right)=0$ となり

$$I_n=\frac{n-1}{n}I_{n-2}$$

を得ます。これを繰り返して

$$I_n=\frac{n-1}{n}I_{n-2}=\begin{cases}\dfrac{n-1}{n}\cdot\dfrac{n-3}{n-2}\cdot\dfrac{n-5}{n-4}\cdots\dfrac{4}{5}\cdot\dfrac{2}{3}\cdot I_1 & (n:\text{奇数})\\[3mm]\dfrac{n-1}{n}\cdot\dfrac{n-3}{n-2}\cdot\dfrac{n-5}{n-4}\cdots\dfrac{3}{4}\cdot\dfrac{1}{2}\cdot I_0 & (n:\text{偶数})\end{cases}$$

となり，さらに

$$I_1=\int_0^{\frac{\pi}{2}}\sin x\,dx=\left[-\cos x\right]_0^{\frac{\pi}{2}}=-\cos\frac{\pi}{2}-(-\cos0)=1$$

$$I_0=\int_0^{\frac{\pi}{2}}(\sin x)^0\,dx=\int_0^{\frac{\pi}{2}}1\,dx=\left[x\right]_0^{\frac{\pi}{2}}=\frac{\pi}{2}$$

から求める結果を得ます。この結果を用いれば

$$I_5 = \int_0^{\frac{\pi}{2}} \sin^5 x\, dx = \frac{4}{5} \cdot \frac{2}{3} = \frac{8}{15}$$

$$I_6 = \int_0^{\frac{\pi}{2}} \cos^6 x\, dx = \frac{5}{6} \cdot \frac{3}{4} \cdot \frac{1}{2} \cdot \frac{\pi}{2} = \frac{5}{32}\pi$$

などと計算できます。n が偶数のとき，いちばん最後に $\frac{\pi}{2}$ を掛けることを忘れないようにしましょう。式 (2.1) は記憶しておくと便利です。

例 題 7

次の定積分の値を求めよ。

① $\displaystyle\int_0^{\frac{\pi}{2}} \sin^4 x\, dx$ ② $\displaystyle\int_0^{\frac{\pi}{2}} \cos^7 x\, dx$

解き方

① $I_4 = \displaystyle\int_0^{\frac{\pi}{2}} \sin^4 x\, dx = \dfrac{3}{4} \cdot \dfrac{1}{2} \cdot \boxed{\ \text{ア}\ } = \boxed{\ \text{イ}\ }$

② $I_7 = \displaystyle\int_0^{\frac{\pi}{2}} \cos^7 x\, dx = \dfrac{6}{7} \cdot \dfrac{4}{5} \cdot \boxed{\ \text{ウ}\ } = \boxed{\ \text{エ}\ }$

練 習 問 題 7

次の定積分の値を求めよ。

① $\displaystyle\int_0^{\frac{\pi}{2}} \cos^8 x\, dx$ ② $\displaystyle\int_0^{\frac{\pi}{2}} \sin^2 x \cos^3 x\, dx$ ③ $\displaystyle\int_0^{\frac{\pi}{2}} \cos^8 x \sin^2 x\, dx$

（補足）さて，長らくすえ置いていた82ページ 定理3.1 の証明のあらましを述べることにしましょう。まずは定理を再掲します。

定理 3.1（再）   積分可能性

$f(x)$ が $[a, b]$ で連続ならば，$[a, b]$ で積分可能である。

すでに述べたように，区間 $[a, b]$ を分割 Δ

$\Delta : a = x_0 < x_1 < \cdots < x_{n-1} < x_n = b$

によってn個の小区間に分割し，任意の$p \in [x_{i-1}, x_i]$ に対しリーマン和

$$S(\Delta) = \sum_{i=1}^{n} f(p_i)(x_i - x_{i-1}) \tag{3.2}$$

を考えたのでしたね。ここで示すべきは，各小区間 $[x_{i-1}, x_i]$ の幅の最大値を Δx_i としたとき

① $\lim_{\Delta x_i \to 0} S(\Delta)$ が存在すること

② 分割 Δ の列のとり方によらずに極限値が定まること

の2点です。

まず，$f(x)$ は $[a, b]$ で連続ですから，各小区間 $[x_{i-1}, x_i]$ に最大値 M_i と最小値 m_i が存在します。そして，2つの和

$$s\Delta = \sum_{i=1}^{n} m_i(x_i - x_{i-1}), \quad S\Delta = \sum_{i=1}^{n} M_i(x_i - x_{i-1})$$

を考えます。$s\Delta$ を不足和，$S\Delta$ を過剰和とよぶことにします。なぜこのようによぶかは下図でイメージをつかんでください。

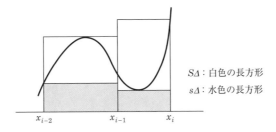

$S\Delta$：白色の長方形
$s\Delta$：水色の長方形

明らかに $s\Delta \leq S\Delta$ ですね。

では，各小区間をさらに分割します。つまりの Δ 細分 Δ' をつくるのです。

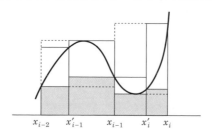

ここで，次のことが成立します。

1)　Δ とその細分 Δ' に対して

$$s\Delta \leq s\Delta' \leq S\Delta' \leq S\Delta$$

2)　**任意の**2つの分割 Δ，Δ' に対して

$$s\Delta \leq S\Delta'$$

この2)は「任意の分割についての過剰和は，どのような分割の不足和よりも小さくない」ことをいっているのです。実際に Δ，Δ' の分点をすべて合わせた分点による分割 Δ'' に対して，1)より

$$s\Delta \leq s\Delta'' \leq S\Delta'' \leq S\Delta'$$

が成立します。

さらに，各小区間 $[x_{i-1},\ x_i]$ の細分を繰り返していくとき

$$s\Delta \leq s\Delta' \leq s\Delta'' \leq \ \cdots\ \leq S\Delta'' \leq S\Delta' \leq S\Delta$$

が成り立ちます。これを記号を改めて

$$s_1 \leq s_2 \leq s_3 \leq \ \cdots\ \leq S_3 \leq S_2 \leq S_1$$

と書きましょう。

数列 $\{s_n\}$ は任意の n に対して常に $s_n \leq s_{n+1}$ であり $\{S_n\}$ は $S_n \geq S_{n+1}$ です。このような $\{s_n\}$，$\{S_n\}$ をそれぞれ，「**広義の**」**単調増加数列**，**単調減少数列**（「**狭義の**」とはそれぞれ $s_n < s_{n+1}$，$S_n > S_{n+1}$）といいます。

一般に実数の部分集合 S について，ある実数 M が存在して，任意の $x \in S$ に対して $x \leq M$ が成り立つとき，S は**上に有界**であるといいます。また常に $x \geq m$ が成り立つような実数 m が存在するときは**下に有界**であるといいます。上にも下にも有界なとき，単に**有界**であるといいます。

数列 $\{s_n\}$, $\{S_n\}$ はともに有界な，それぞれ単調増加数列，単調減少数列です。そしてこれらの数列は収束して

$$\lim_{n\to\infty} s_n = \lim_{n\to\infty} S_n$$

となることが知られています。$s\varDelta \leq S(\varDelta) \leq S\varDelta$ ですから

「 $\displaystyle\lim_{\varDelta x_i \to 0} S(\varDelta)$ は収束する」

ことが示せるのです。

なお，この 定理3.1 の厳密な証明には「一様連続性」という概念が必要です。興味をもたれた読者は，ぜひ微分積分学の本格的な書物を手に取って読んでください。

第 **4** 章

広義積分

これまでの定積分 $\int_a^b f(x)dx$ に現れた**被積分関数** $f(x)$ は閉区間 $[a, b]$ で定義されていました（下図）。

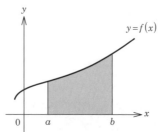

では，たとえば $y = \dfrac{1}{\sqrt{x}}$ ， $y = \dfrac{1}{x^2}$ といった関数の定積分を考えてみましょう。

関数 $y = \dfrac{1}{\sqrt{x}}$ は**開区間** $(0, \infty)$， $y = \dfrac{1}{x^2}$ は**$x=0$以外**で定義されています。このとき定積分

$$I = \int_0^1 \frac{1}{\sqrt{x}} dx, \quad I = \int_0^1 \frac{1}{x^2} dx$$

は意味があるのでしょうか？

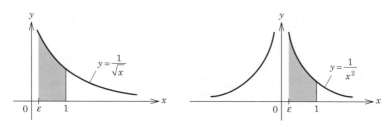

これまでの議論にしたがうと，これらの定積分はグレー部分の面積であるということになるのですが，いずれのグレー部分も y 軸のところに**すきま**があり，「閉じた図形」とはいえず，面積ということばを用いることに抵抗があります。

しかしたとえば，0より少し大きい数として ε（イプシロン）>0 をとり，**閉区間** $[\varepsilon, 1]$ で考えると，この範囲ではグレー部分は閉じた図形となり，定積分

$$I_\varepsilon = \int_\varepsilon^1 \frac{1}{\sqrt{x}}\,dx$$

を計算することができます。実際

$$I_\varepsilon = \int_\varepsilon^1 \frac{1}{\sqrt{x}}\,dx = \int_\varepsilon^1 x^{-\frac{1}{2}}\,dx = \left[\, 2x^{\frac{1}{2}} \,\right]_\varepsilon^1 = 2\bigl(1-\sqrt{\varepsilon}\,\bigr)$$

となります。ここで，ε を限りなく 0 に近づけましょう。ただし大きい側から近づけますから $\varepsilon \to +0$ と書きます。

$$\lim_{\varepsilon \to +0} I_\varepsilon = \lim_{\varepsilon \to +0} 2\bigl(1-\sqrt{\varepsilon}\,\bigr) = 2$$

となります。このように，$\displaystyle\lim_{\varepsilon \to +0} I_\varepsilon$ が存在するとき，定積分 I は収束するといい，$I = \displaystyle\lim_{\varepsilon \to +0} I_\varepsilon$ と定義し，これを広義積分といいます。

　上の例では $\displaystyle\int_0^1 \frac{1}{\sqrt{x}}\,dx = \lim_{\varepsilon \to +0}\int_\varepsilon^1 \frac{1}{\sqrt{x}}\,dx = 2$ となります。

　$I = \displaystyle\int_0^1 \frac{1}{x^2}\,dx$ についても同様に考えて $I_\varepsilon = \displaystyle\int_\varepsilon^1 \frac{1}{x^2}\,dx$ として計算すると

$$\lim_{\varepsilon \to +0} I_\varepsilon = \lim_{\varepsilon \to +0}\int_\varepsilon^1 \frac{1}{x^2}\,dx = \lim_{\varepsilon \to +0}\left[\, -\frac{1}{x} \,\right]_\varepsilon^1 = \lim_{\varepsilon \to +0}\left(-1+\frac{1}{\varepsilon}\right) = +\infty$$

となり，無限大に発散しますね。このように $\displaystyle\lim_{\varepsilon \to +0} I_\varepsilon$ が I 収束しないとき，積分は存在しないのです。

　ところで，$I = \displaystyle\int_{-1}^1 \frac{1}{x^2}\,dx$ はどうでしょうか?

$$I = \int_{-1}^1 \frac{1}{x^2}\,dx = \left[\, -\frac{1}{x} \,\right]_{-1}^1 = -1-(-1) = 0$$

としてしまってはいけません。$y = \dfrac{1}{x^2}$ のグラフは $x=0$ で不連続なので，積分区間を分けなくてはいけないのです。$[-1, 0)$，$(0, 1]$ に分けて積分しましょう。

　ここで閉区間 $[-1, -\varepsilon']$，$[\varepsilon, 1]$ でそれぞれ $y = \dfrac{1}{x^2}$ の広義積分を考えます。

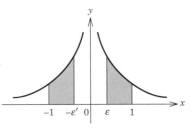

$$I = \int_{-1}^{1} \frac{1}{x^2} dx = \int_{-1}^{0} \frac{1}{x^2} dx + \int_{0}^{1} \frac{1}{x^2} dx$$

として

$$\int_{-1}^{0} \frac{1}{x^2} dx = \lim_{\varepsilon' \to +0} \int_{-1}^{-\varepsilon'} \frac{1}{x^2} dx = \lim_{\varepsilon' \to +0} \left[-\frac{1}{x} \right]_{-1}^{-\varepsilon'} = \lim_{\varepsilon' \to +0} \left\{ -\left(\frac{1}{-\varepsilon'} - \frac{1}{-1} \right) \right\} = +\infty$$

（積分は存在しない）

$$\int_{0}^{1} \frac{1}{x^2} dx = \lim_{\varepsilon \to +0} \int_{\varepsilon}^{1} \frac{1}{x^2} dx = \lim_{\varepsilon \to +0} \left[-\frac{1}{x} \right]_{\varepsilon}^{1} = \lim_{\varepsilon \to +0} \left(-1 + \frac{1}{\varepsilon} \right) = +\infty \quad （積分は存在しない）$$

$$よって I = \int_{-1}^{1} \frac{1}{x^2} dx = \int_{-1}^{0} \frac{1}{x^2} dx + \int_{0}^{1} \frac{1}{x^2} dx = +\infty$$

となり，積分は存在しないのです。

　注意すべき点として，ε と ε' とを独立にとらなくてはいけないことを強調しておきましょう。もし同じ ε を用いて広義積分を計算すると，正しい結果を得られないことがあります。

　たとえば $\int_{-1}^{1} \frac{1}{x} dx$ を計算するとき，同じ ε を用いると

$$\int_{-1}^{1} \frac{1}{x} dx = \int_{-1}^{0} \frac{1}{x} dx + \int_{0}^{1} \frac{1}{x} dx$$

$$= \lim_{\varepsilon \to +0} \int_{-1}^{-\varepsilon} \frac{1}{x} dx + \lim_{\varepsilon \to +0} \int_{\varepsilon}^{1} \frac{1}{x} dx$$

$$= \lim_{\varepsilon \to +0} \left[\log|x| \right]_{-1}^{-\varepsilon} + \lim_{\varepsilon \to +0} \left[\log|x| \right]_{\varepsilon}^{1}$$

$$= \lim_{\varepsilon \to +0} \left(\log \varepsilon - \log \varepsilon \right) = 0$$

といった誤った結果が出てしまいます。この定積分は正しくは次のように計算します。

$$\int_{-1}^{1} \frac{1}{x} dx = \lim_{\varepsilon' \to +0} \int_{-1}^{-\varepsilon'} \frac{1}{x} dx + \lim_{\varepsilon \to +0} \int_{\varepsilon}^{1} \frac{1}{x} dx$$

$$= \lim_{\varepsilon' \to +0} \left[\log|x| \right]_{-1}^{-\varepsilon'} + \lim_{\varepsilon \to +0} \left[\log|x| \right]_{\varepsilon}^{1}$$

$$= \lim_{\varepsilon' \to +0} \log \varepsilon' + \lim_{\varepsilon \to +0} \left(-\log \varepsilon \right)$$

ここで1項目は $-\infty$，2項目は $+\infty$ に発散するので，広義積分は存在しないのです。

では，広義積分をきちんと定義しましょう。

定義 4.1　　広義積分[1] $f(x)$ が $[a, b]$ で有限個の不連続点をもつ場合

$f(x)$ が $(a, b]$ において連続で，$x=a$ で不連続の場合，任意の正数 ε に対して

$$\lim_{\varepsilon \to +0} \int_{a+\varepsilon}^{b} f(x)dx$$

が存在するとき

$$\int_{a}^{b} f(x)dx = \lim_{\varepsilon \to +0} \int_{a+\varepsilon}^{b} f(x)dx$$

と定義する。同様に

$f(x)$ が $[a, b)$ において連続で，$x=b$ で不連続の場合

$$\int_{a}^{b} f(x)dx = \lim_{\varepsilon \to +0} \int_{a}^{b-\varepsilon} f(x)dx$$

$f(x)$ が (a, b) で連続で，$x=a$，$x=b$ で不連続の場合

$$\int_{a}^{b} f(x)dx = \lim_{\substack{\varepsilon \to +0 \\ \varepsilon' \to +0}} \int_{a+\varepsilon'}^{b-\varepsilon} f(x)dx$$

と定義する。これらの拡張された定積分を広義積分という。

この定義を読んだうえで，もう一度 $\int_{0}^{1} \dfrac{1}{\sqrt{x}} dx$ を計算してみましょう。関数 $y = \dfrac{1}{\sqrt{x}}$ は $(0, 1]$ で連続，$x=0$ で不連続ですから

$$\int_{0}^{1} \frac{1}{\sqrt{x}} dx = \lim_{\varepsilon \to +0} \int_{\varepsilon}^{1} \frac{1}{\sqrt{x}} dx = \lim_{\varepsilon \to +0} \left[2\sqrt{x} \right]_{\varepsilon}^{1} = \lim_{\varepsilon \to +0} 2(1 - \sqrt{\varepsilon}) = 2$$

となりますね。

ここで $y = \dfrac{1}{\sqrt{x}}$ の原始関数 $y = 2\sqrt{x}$ は $[0, 1]$ で連続です。このようなときには

$$\int_{0}^{1} \frac{1}{\sqrt{x}} dx = \left[2\sqrt{x} \right]_{0}^{1} = 2$$

と計算できるのです。一般に次のことがいえます。

関数 $f(x)$ は区間 $[a,\ b]$ の有限個の点で不連続となるが，$f(x)$ の不定積分 $F(x)$ が区間 $[a,\ b]$ で連続であるときには

$$\int_a^b f(x)dx = \Big[F(x) \Big]_a^b = F(b) - F(a)$$

である。

証明しましょう。

$f(x)$ が $x=c\,(a<c<b)$ で不連続であり，その不定積分 $F(x)$ が $x=c$ で連続であるとき

$$\lim_{\varepsilon \to +0} F(c+\varepsilon) = \lim_{\varepsilon \to +0} F(c-\varepsilon) = F(c)$$

ですから

$$\int_a^b f(x)dx = \int_a^c f(x)dx + \int_c^b f(x)dx$$

$$= \lim_{\varepsilon \to +0} \int_a^{c-\varepsilon} f(x)dx + \lim_{\varepsilon' \to +0} \int_{c+\varepsilon'}^b f(x)dx$$

$$= \lim_{\varepsilon \to +0} \Big[F(x) \Big]_a^{c-\varepsilon} + \lim_{\varepsilon' \to +0} \Big[F(x) \Big]_{c+\varepsilon'}^b$$

$$= F(c) - F(a) + F(b) - F(c) = F(b) - F(a)$$

となります。これで示せました。

定積分 $\displaystyle\int_{-1}^1 \frac{1}{\sqrt{1-x^2}}dx$ は，$y = \dfrac{1}{\sqrt{1-x^2}}$ が $x=-1,\ 1$ で不連続ですから

$$\int_{-1}^1 \frac{1}{\sqrt{1-x^2}}dx = \lim_{\substack{\varepsilon \to +0 \\ \varepsilon' \to +0}} \int_{-1+\varepsilon'}^{1-\varepsilon} \frac{1}{\sqrt{1-x^2}}dx = \lim_{\substack{\varepsilon \to +0 \\ \varepsilon' \to +0}} \Big[\mathrm{Sin}^{-1}x \Big]_{-1+\varepsilon'}^{1-\varepsilon}$$

$$= \lim_{\substack{\varepsilon \to +0 \\ \varepsilon' \to +0}} \Big\{ \mathrm{Sin}^{-1}(1-\varepsilon) - \mathrm{Sin}^{-1}(-1+\varepsilon') \Big\} = \frac{\pi}{2} - \left(-\frac{\pi}{2} \right) = \pi$$

と計算すべきなのですが，上の定理を用いると，不定積分 $y=\mathrm{Sin}^{-1}x$ が $[-1,\ 1]$ で連続（それぞれ片側連続）なので

$$\int_{-1}^1 \frac{1}{\sqrt{1-x^2}}dx = \Big[\mathrm{Sin}^{-1}x \Big]_{-1}^1 = \frac{\pi}{2} - \left(-\frac{\pi}{2} \right) = \pi$$

と計算してもよいことになります。

けれども，たとえば $y=\dfrac{1}{x^2}$ の原始関数 $y=-\dfrac{1}{x}$ は $x=0$ で不連続なので

$$\int_{-1}^{1}\frac{1}{x^2}dx=\left[-\frac{1}{x}\right]_{-1}^{1}=-1-1=-2$$

としてしまってはいけません。112〜113ページで述べたように，この広義積分は存在しませんでしたね。注意しましょう。

例 題 1

次の広義積分を求めよ。

① $\displaystyle\int_{0}^{1}\frac{1}{x^3}dx$　　② $\displaystyle\int_{1}^{2}\frac{1}{\sqrt{4-x^2}}dx$　　③ $\displaystyle\int_{-1}^{0}\frac{x}{\sqrt{1-x^2}}dx$

解き方

① $x=0$ で不連続である。

$$\int_{0}^{1}\frac{1}{x^3}dx=\lim_{\varepsilon\to+0}\int_{\varepsilon}^{1}\frac{1}{x^3}dx=\lim_{\varepsilon\to+0}\int_{\varepsilon}^{1}x^{-3}dx=\lim_{\varepsilon\to+0}\left[\boxed{\quad\text{ア}\quad}\right]_{\varepsilon}^{1}$$

$$=-\frac{1}{2}\lim_{\varepsilon\to+0}\left[\boxed{\text{イ}}\right]_{\varepsilon}^{1}=-\frac{1}{2}\lim_{\varepsilon\to+0}\left(\boxed{\quad\text{ウ}\quad}\right)=\boxed{\text{エ}}$$

② $x=2$ で不連続である。

$$\int_{1}^{2}\frac{dx}{\sqrt{4-x^2}}=\int_{1}^{2}\frac{dx}{\sqrt{2^2-x^2}}=\lim_{\varepsilon\to+0}\int_{1}^{2-\varepsilon}\frac{dx}{\sqrt{2^2-x^2}}=\lim_{\varepsilon\to+0}\left[\mathrm{Sin}^{-1}\boxed{\text{オ}}\right]_{1}^{2-\varepsilon}$$

$$=\lim_{\varepsilon\to+0}\left(\boxed{\text{カ}}-\boxed{\text{キ}}\right)=\mathrm{Sin}^{-1}\boxed{\text{ク}}-\mathrm{Sin}^{-1}\boxed{\text{ケ}}=\boxed{\text{コ}}$$

③ $x=-1$ で不連続である。

$$\int_{-1}^{0}\frac{x}{\sqrt{1-x^2}}dx=\lim_{\varepsilon\to+0}\int_{-1+\varepsilon}^{0}\frac{x}{\sqrt{1-x^2}}dx=\lim_{\varepsilon\to+0}\left[\boxed{\quad\text{サ}\quad}\right]_{-1+\varepsilon}^{0}$$

$$=\lim_{\varepsilon\to+0}\left(\boxed{\quad\text{シ}\quad}\right)=\boxed{\text{ス}}$$

=== 練 習 問 題 **1** ===

次の広義積分を求めよ。

① $\displaystyle\int_{-1}^{1}\frac{1}{\sqrt[3]{x^2}}\,dx$ 　　　　② $\displaystyle\int_{-3}^{0}\frac{x}{\sqrt{9-x^2}}\,dx$

少し難しい例も見ておきましょう。

例1 $\displaystyle\int_{0}^{1}\frac{dx}{\sqrt{x(1-x)}}$

$$\int\frac{dx}{\sqrt{x(1-x)}}=\int\frac{dx}{\sqrt{\frac{1}{4}-\left(x-\frac{1}{2}\right)^2}}=\mathrm{Sin}^{-1}\frac{x-\frac{1}{2}}{\frac{1}{2}}=\mathrm{Sin}^{-1}(2x-1)\ \text{より}$$

$$I=\int_{0}^{1}\frac{dx}{\sqrt{x(1-x)}}=\lim_{\substack{\varepsilon\to+0\\\varepsilon'\to+0}}\int_{\varepsilon'}^{1-\varepsilon}\frac{dx}{\sqrt{x(1-x)}}=\lim_{\substack{\varepsilon\to+0\\\varepsilon'\to+0}}\left[\mathrm{Sin}^{-1}(2x-1)\right]_{\varepsilon'}^{1-\varepsilon}$$

$$=\lim_{\substack{\varepsilon\to+0\\\varepsilon'\to+0}}\left\{\mathrm{Sin}^{-1}(1-2\varepsilon)-\mathrm{Sin}^{-1}(2\varepsilon'-1)\right\}=\mathrm{Sin}^{-1}1-\mathrm{Sin}^{-1}(-1)=\frac{\pi}{2}+\frac{\pi}{2}=\pi$$

例2 $\displaystyle\int_{-1}^{1}\frac{dx}{1-x^2}$

$$\int\frac{1}{1-x^2}\,dx=\int\frac{1}{2}\cdot\left(\frac{1}{1+x}+\frac{1}{1-x}\right)dx=\frac{1}{2}\left(\log|1+x|-\log|1-x|\right)=\frac{1}{2}\log\left|\frac{1+x}{1-x}\right|\ \text{より}$$

$$I=\lim_{\substack{\varepsilon\to+0\\\varepsilon'\to+0}}\int_{-1+\varepsilon'}^{1-\varepsilon}\frac{dx}{1-x^2}=\lim_{\substack{\varepsilon\to+0\\\varepsilon'\to+0}}\left[\frac{1}{2}\log\left|\frac{1+x}{1-x}\right|\right]_{-1+\varepsilon'}^{1-\varepsilon}$$

$$=\frac{1}{2}\lim_{\substack{\varepsilon\to+0\\\varepsilon'\to+0}}\left\{\log\left|\frac{1+(1-\varepsilon)}{1-(1-\varepsilon)}\right|-\log\left|\frac{1+(-1+\varepsilon')}{1-(-1+\varepsilon')}\right|\right\}$$

$$= \frac{1}{2} \lim_{\substack{\varepsilon \to +0 \\ \varepsilon' \to +0}} \left(\log \frac{2-\varepsilon}{\varepsilon} - \log \frac{\varepsilon'}{2-\varepsilon'} \right)$$

$$= \frac{1}{2} \lim_{\substack{\varepsilon \to +0 \\ \varepsilon' \to +0}} \log \frac{(2-\varepsilon')(2-\varepsilon)}{\varepsilon' \varepsilon} = \frac{1}{2} \lim_{\substack{\varepsilon \to +0 \\ \varepsilon' \to +0}} \log \left(\frac{2}{\varepsilon'} - 1 \right) \left(\frac{2}{\varepsilon} - 1 \right) = +\infty$$

例3 $\displaystyle \int_0^1 \log x \, dx$

$$\int \log x \, dx = x \log x - \int x \cdot \frac{1}{x} dx = x \log x - \int dx = x \log x - x \quad \text{より}$$

$$I = \lim_{\varepsilon \to +0} \int_\varepsilon^1 \log x \, dx = \lim_{\varepsilon \to +0} \left[x \log x - x \right]_\varepsilon^1 = \lim_{\varepsilon \to +0} \left(-1 - \varepsilon \log \varepsilon + \varepsilon \right)$$

$$= -1 - \lim_{\varepsilon \to +0} \varepsilon \log \varepsilon = -1 - \lim_{\varepsilon \to +0} \frac{\log \varepsilon}{\frac{1}{\varepsilon}}$$

ここでロピタルの定理を思い出して

$$\lim_{x \to +0} \frac{(\log x)'}{\left(\frac{1}{x} \right)'} = \lim_{x \to +0} \frac{\frac{1}{x}}{-\frac{1}{x^2}} = \lim_{x \to +0} (-x) = 0$$

より　$I = -1$

例4 $\displaystyle \int_a^b \frac{dx}{\sqrt{(x-a)(b-x)}} \quad (a<b)$

$$(x-a)(b-x) = -\{x^2 - (a+b)x + ab\} = \left(\frac{b-a}{2} \right)^2 - \left(x - \frac{a+b}{2} \right)^2 \quad \text{より}$$

$$I = \int_a^b \frac{dx}{\sqrt{(x-a)(b-x)}} = \lim_{\substack{\varepsilon \to +0 \\ \varepsilon' \to +0}} \int_{a+\varepsilon'}^{b-\varepsilon} \frac{dx}{\sqrt{\left(\frac{b-a}{2} \right)^2 - \left(x - \frac{a+b}{2} \right)^2}}$$

$$= \lim_{\substack{\varepsilon \to +0 \\ \varepsilon' \to +0}} \left[\mathrm{Sin}^{-1} \frac{x - \frac{a+b}{2}}{\frac{b-a}{2}} \right]_{a+\varepsilon'}^{b-\varepsilon} = \lim_{\substack{\varepsilon \to +0 \\ \varepsilon' \to +0}} \left[\mathrm{Sin}^{-1} \frac{2x - (a+b)}{b-a} \right]_{a+\varepsilon'}^{b-\varepsilon}$$

$$= \lim_{\substack{\varepsilon \to +0 \\ \varepsilon' \to +0}} \left(\mathrm{Sin}^{-1} \frac{b-a-2\varepsilon}{b-a} - \mathrm{Sin}^{-1} \frac{a-b+2\varepsilon'}{b-a} \right)$$

$$= \mathrm{Sin}^{-1} 1 - \mathrm{Sin}^{-1}(-1) = \frac{\pi}{2} - \left(-\frac{\pi}{2} \right) = \pi$$

ここで公式 $\displaystyle\int \frac{dx}{\sqrt{a^2-x^2}} = \mathrm{Sin}^{-1}\frac{x}{a}$ を用いました。

次に，無限区間における積分について考えましょう。

たとえば，関数 $y = \dfrac{1}{x^2}$ の無限区間 $[1, \infty)$ における定積分

$$\int_1^\infty \frac{1}{x^2}dx$$

は意味があるのでしょうか？

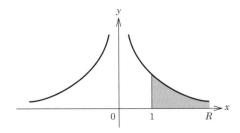

実はこのときは $1<R$ である R をとって

$$\lim_{R\to\infty} \int_1^R \frac{1}{x^2}dx$$

が存在するとき

$$\int_1^\infty \frac{1}{x^2}dx = \lim_{R\to\infty} \int_1^R \frac{1}{x^2}dx$$

と定義するのです。実際に計算すると

$$\int_1^\infty \frac{1}{x^2}dx = \lim_{R\to\infty} \int_1^R \frac{1}{x^2}dx = \lim_{R\to\infty}\left[-\frac{1}{x} \right]_1^R = \lim_{R\to\infty}\left(-\frac{1}{R}+1 \right) = 1$$

となり，求める定積分の値は1となります。

　このような，積分区間の少なくとも一方が有限でない場合，すなわち $[a, \infty)$，$[-\infty, b]$，$(-\infty, \infty)$ における広義積分を無限積分ともいいます。

定義 4.2　広義積分［2］　無限区間における定積分

$f(x)$ が $[a, \infty)$ で連続のとき，無限区間 $[a, \infty)$ における定積分は $a < R$ をとって

$$\lim_{R \to \infty} \int_a^R f(x)\,dx$$

が存在するとき

$$\int_a^\infty f(x)\,dx = \lim_{R \to \infty} \int_a^R f(x)\,dx$$

と定義する。同様にして

$$\int_{-\infty}^b f(x)\,dx = \lim_{R' \to -\infty} \int_{R'}^b f(x)\,dx$$

$$\int_{-\infty}^\infty f(x)\,dx = \lim_{\substack{R \to \infty \\ R' \to -\infty}} \int_{R'}^R f(x)\,dx$$

と定義する。この広義積分を**無限積分**という。

いくつか例を見てみましょう。

例1　$\displaystyle\int_0^\infty e^{-x}\,dx$

$$\int_0^\infty e^{-x}\,dx = \lim_{R \to \infty} \int_0^R e^{-x}\,dx = \lim_{R \to \infty} \Big[-e^{-x}\Big]_0^R$$

$$= \lim_{R \to \infty} \left(-e^{-R} + 1\right) = \lim_{R \to \infty} \left(-\frac{1}{e^R} + 1\right) = 1$$

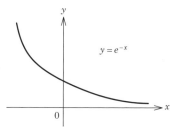

$y = e^{-x}$

例2　$\displaystyle\int_1^\infty \frac{1}{x}\,dx$

$$\int_1^\infty \frac{1}{x}\,dx = \lim_{R \to \infty} \int_1^R \frac{1}{x}\,dx = \lim_{R \to \infty} \Big[\log|x|\Big]_1^R = \lim_{R \to \infty} \log R = \infty$$

広義積分は存在しない。

例3　$\displaystyle\int_{-\infty}^{\infty}\frac{1}{1+x^2}dx$

$$\int_{-\infty}^{\infty}\frac{1}{1+x^2}dx = \lim_{\substack{R\to\infty\\R'\to-\infty}}\int_{R'}^{R}\frac{1}{1+x^2}dx$$

$$= \lim_{\substack{R\to\infty\\R'\to-\infty}}\Big[\mathrm{Tan}^{-1}x\Big]_{R'}^{R}$$

$$= \lim_{\substack{R\to\infty\\R'\to-\infty}}\big(\mathrm{Tan}^{-1}R - \mathrm{Tan}^{-1}R'\big)$$

$$= \frac{\pi}{2} - \left(-\frac{\pi}{2}\right) = \pi$$

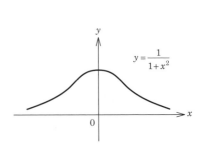
$y = \dfrac{1}{1+x^2}$

例 題 2

次の広義積分を求めよ。

①　$\displaystyle\int_{1}^{\infty}\frac{1}{x^3}dx$　　　②　$\displaystyle\int_{0}^{\infty}\cos x\,dx$　　　③　$\displaystyle\int_{-\infty}^{\infty}\frac{dx}{x^2+4}$

解き方

①　$\displaystyle\int_{1}^{\infty}\frac{1}{x^3}dx = \lim_{R\to\infty}\int_{1}^{R}x^{-3}dx = \lim_{R\to\infty}\Big[\;\boxed{\text{ア}}\;\Big]_{1}^{R} = \lim_{R\to\infty}\left\{-\frac{1}{2}\left(\boxed{\quad\text{イ}\quad}\right)\right\} = \boxed{\text{ウ}}$

②　$\displaystyle\int_{0}^{\infty}\cos x\,dx = \lim_{R\to\infty}\int_{0}^{R}\cos x\,dx = \lim_{R\to\infty}\Big[\;\boxed{\quad\text{エ}\quad}\;\Big]_{0}^{R} = \lim_{R\to\infty}\boxed{\quad\text{オ}\quad}$

これは不定であるから積分は存在$\boxed{\quad\text{カ}\quad}$。

③　$\displaystyle\int_{-\infty}^{\infty}\frac{dx}{x^2+4} = \lim_{\substack{R\to\infty\\R'\to-\infty}}\int_{R'}^{R}\frac{dx}{x^2+4} = \lim_{\substack{R\to\infty\\R'\to-\infty}}\Big[\;\boxed{\text{キ}}\,\mathrm{Tan}^{-1}\boxed{\text{ク}}\;\Big]_{R'}^{R}$

$$= \frac{1}{2}\left\{\lim_{\substack{R\to\infty\\R'\to-\infty}}\left(\mathrm{Tan}^{-1}\boxed{\text{ケ}} - \mathrm{Tan}^{-1}\boxed{\text{コ}}\right)\right\} = \frac{1}{2}\left\{\boxed{\text{サ}} - \left(\boxed{\text{シ}}\right)\right\} = \boxed{\text{ス}}$$

練 習 問 題 2

次の広義積分を求めよ。

① $\displaystyle\int_1^\infty \frac{1}{x(x+1)}dx$ ② $\displaystyle\int_1^\infty \frac{dx}{x(1+x^2)}$ ③ $\displaystyle\int_0^\infty \sin x\,dx$

さて，これまで見てきたように，$\displaystyle\int_1^\infty \frac{1}{x}dx$ は広義積分は存在せず（**発散**），また

$\displaystyle\int_1^\infty \frac{1}{x^2}dx$ の値は1，$\displaystyle\int_1^\infty \frac{1}{x^3}dx$ の値は $\frac{1}{2}$ でしたね。これを一般化しましょう。

$\displaystyle\int_1^\infty \frac{dx}{x^\alpha}$ $(\alpha>0)$ を計算してみます。

$\alpha\neq1$ のときは $\displaystyle\int_1^\infty \frac{dx}{x^\alpha}=\lim_{R\to\infty}\int_1^R\frac{dx}{x^\alpha}=\lim_{R\to\infty}\left[\frac{1}{1-\alpha}\cdot\frac{1}{x^{\alpha-1}}\right]_1^R=\lim_{R\to\infty}\frac{1}{1-\alpha}\left(\frac{1}{R^{\alpha-1}}-1\right)$ であり

$\alpha>1$ のときは収束して $\displaystyle\lim_{R\to\infty}\int_1^\infty\frac{dx}{x^\alpha}=\frac{1}{\alpha-1}$

$0<\alpha<1$ のときは発散して積分は存在しない

$\alpha=1$ のときは

$\displaystyle\int_1^\infty\frac{dx}{x}=\lim_{R\to\infty}\int_1^R\frac{dx}{x}=\lim_{R\to\infty}\Big[\log x\Big]_1^R=\lim_{R\to\infty}\log R=\infty$ （発散）

よって積分は存在しないことがわかりました。

例題の解答

第1章

1　ア $\dfrac{1}{3}$　イ 3　ウ 2　エ $\dfrac{1}{2}x^4-\dfrac{1}{3}x^3+\dfrac{1}{2}x^2-5x+C$

オ $\log|x|$　カ $-\dfrac{1}{2}$　キ -2　ク $3\log|x|-\dfrac{2}{x}+\dfrac{5}{2x^2}+C$

ケ $-\cos x$　コ $\sin x$　サ e^x　シ $-2\cos x-3\sin x+5e^x+C$

ス $\dfrac{2}{3}$　セ $\dfrac{5}{3}$　ソ $2x\sqrt{x}+\dfrac{3}{5}x\sqrt[3]{x^2}+10\sqrt[5]{x^2}+C$

2　ア 4　イ 4　ウ $\dfrac{1}{12}(3x-5)^4$　エ 3　オ $3x-5$

カ -3　キ -3　ク $-\dfrac{1}{9(3x-5)^3}+C$

3　ア 5　イ 4　ウ 2

4　ア 4　イ 4　ウ $\sqrt{3}$　エ $\sqrt{3}$　オ $\sqrt{3}$　カ $x+\sqrt{x^2+5}$

5　ア 2　イ $x-2$　ウ 2　エ 2　オ $x-2$　カ 2

キ 1　ク $x+1$　ケ x^2+2x+2

6　ア 4　イ 4　ウ $x-2$　エ $x+2$　オ 4　カ $\dfrac{x-2}{x+2}$

キ $2\sqrt{3}$　ク $2\sqrt{3}$　ケ $x-\sqrt{3}$　コ $x+\sqrt{3}$　サ $2\sqrt{3}$

シ $\dfrac{x-\sqrt{3}}{x+\sqrt{3}}$　ス $2\sqrt{3}$　セ $2\sqrt{3}$　ソ $\dfrac{x-2-\sqrt{3}}{x-2+\sqrt{3}}$

7　ア x^2+4　イ $1+x+x^2$　ウ $\log|\sin x|$

8 ア 3　イ 0　ウ 2　エ 1　オ 2　カ 1

キ $2\log|x-2|+\log|x+1|$　または　$\log\left|(x+1)(x-2)^2\right|$

ク 1　ケ −1　コ $\dfrac{3}{5}$　サ $\dfrac{2}{5}$　シ $\dfrac{3}{5}$　ス $\dfrac{2}{5}$

セ $\dfrac{3}{5}\log|x+2|+\dfrac{2}{5}\log|x-3|$

9 ア 0　イ 5　ウ −1　エ $-A$　オ $2A+1$

カ $\dfrac{4}{5}$　キ $-\dfrac{4}{5}$　ク $\dfrac{13}{5}$　ケ $\dfrac{4}{5}$　コ $4x-13$　サ $\dfrac{4}{5}$

シ $\dfrac{4}{5}\log|x-1|$　ス $4x-13$　セ 2　ソ 17　タ 2　チ 17

ツ 1　テ $\log\left(x^2+2x+2\right)$　ト 17　ナ $x+1$

ニ $\dfrac{4}{5}\log|x-1|-\dfrac{2}{5}\log\left(x^2+2x+2\right)+\dfrac{17}{5}\operatorname{Tan}^{-1}(x+1)$

10 ア 2　イ 3　ウ −3　エ 8　オ 4　カ 2

キ 3　ク 4

ケ $2\log|x+1|-3\log|x+2|+4\log|x+3|$　または　$\log\dfrac{(x+1)^2(x+3)^4}{|x+2|^3}$

11 ア 2　イ −3　ウ −1　エ 2　オ 1　カ 3

キ $2\log|x+1|-\log|x+2|+\dfrac{3}{x+2}$

12 ア $\dfrac{1}{4}$　イ $\dfrac{1}{4}$　ウ $\dfrac{1}{2}$　エ 0　オ $\dfrac{1}{4}$　カ $\dfrac{1}{4}$　キ $\dfrac{1}{2}$

ク $-\dfrac{1}{4}\log|1-x|+\dfrac{1}{4}\log|1+x|+\dfrac{1}{2}\operatorname{Tan}^{-1}x$　または　$\dfrac{1}{4}\log\left|\dfrac{1+x}{1-x}\right|+\dfrac{1}{2}\operatorname{Tan}^{-1}x$

⑬ ア $\dfrac{1}{2}$　イ $-\dfrac{1}{2}$　ウ 0　エ 3　オ $\dfrac{1}{2}$　カ $-\dfrac{1}{2}$

キ 0　ク $\dfrac{1}{2}$　ケ $\dfrac{1}{2}$　コ $\dfrac{1}{2}$　サ $\dfrac{1}{2}\log|x-1|-\dfrac{1}{2}\cdot\dfrac{1}{x-1}$

シ $\dfrac{1}{2}$　ス $\dfrac{1}{2}\log|x-1|-\dfrac{1}{2}\cdot\dfrac{1}{x-1}-\dfrac{1}{4}\log\left(x^2+1\right)$

第2章

1 ア $\dfrac{1}{2}$　イ $\dfrac{1}{2}$　ウ $\dfrac{1}{2}$　エ $-\dfrac{1}{2t}$　オ $-\dfrac{1}{2\left(x^2+1\right)}$

カ $-2x$　キ $-\dfrac{1}{2}$　ク $-\dfrac{1}{2}$　ケ $-\dfrac{1}{2}$　コ $-\dfrac{1}{3}t^{\frac{3}{2}}$

サ $-\dfrac{1}{3}\left(1-x^2\right)^{\frac{3}{2}}$ または $-\dfrac{1}{3}\left(1-x^2\right)\sqrt{1-x^2}$　シ $-\sin x$　ス -1

セ t^2　ソ $-\dfrac{1}{3}t^3$　タ $-\dfrac{1}{3}\cos^3 x$　チ $\cos x$　ツ $1-t^2$

テ $1-2t^2+t^4$　ト $t-\dfrac{2}{3}t^3+\dfrac{1}{5}t^5$　ナ $\sin x-\dfrac{2}{3}\sin^3 x+\dfrac{1}{5}\sin^5 x$

2 ア $\dfrac{2}{t^2+3}$　イ $\dfrac{2}{\sqrt{3}}$　ウ $\dfrac{t}{\sqrt{3}}$　エ $\dfrac{2}{\sqrt{3}}\mathrm{Tan}^{-1}\left(\dfrac{1}{\sqrt{3}}\tan\dfrac{x}{2}\right)$

3 ア $1-3t^2+3t^4-t^6$　イ $t-t^3+\dfrac{3}{5}t^5-\dfrac{1}{7}t^7$

ウ $-\cos x+\cos^3 x-\dfrac{3}{5}\cos^5 x+\dfrac{1}{7}\cos^7 x$　エ $1-2t^2+t^4$　オ $t-\dfrac{2}{3}t^3+\dfrac{1}{5}t^5$

カ $\sin x-\dfrac{2}{3}\sin^3 x+\dfrac{1}{5}\sin^5 x$

4 ア $\dfrac{1}{x}$　イ $\dfrac{1}{2}x$　ウ $\dfrac{1}{2}x^2\log x-\dfrac{1}{4}x^2$　エ e^x

オ xe^x　カ xe^x　キ xe^x　ク e^x　ケ xe^x-e^x または $\left(x-1\right)e^x$

コ xe^x-e^x または $\left(x-1\right)e^x$　サ x^2-2x+2　シ x　ス $-\cos x$

セ　$-x\cos x$　　ソ　$-x\cos x$　　タ　$\cos x$　　チ　$-x\cos x+\sin x$

5　ア　$x\sqrt{x^2+A}$　　　イ　$\displaystyle\int\sqrt{x^2+A}\,dx$　　ウ　$\left|x+\sqrt{x^2+A}\right|$

　　エ　$\dfrac{1}{2}\left(x\sqrt{x^2+A}+A\log\left|x+\sqrt{x^2+A}\right|\right)$

6　ア　$\sin^2 x\cos x$　　イ　$\dfrac{2}{3}$　　ウ　$-\dfrac{1}{3}\sin^2 x\cos x-\dfrac{2}{3}\cos x$　　エ　$-\dfrac{1}{4}$

　　オ　$\dfrac{3}{4}$　　カ　$-\dfrac{1}{4}\sin^3 x\cos x-\dfrac{3}{8}\sin x\cos x+\dfrac{3}{8}x$

7　ア　$\dfrac{1}{2}$　　イ　$-\dfrac{1}{2}$　　ウ　$\dfrac{1}{2}\log\left|\tan\dfrac{x}{2}\right|-\dfrac{\cos x}{2\sin^2 x}$　　エ　$\dfrac{2}{3}$　　オ　$-\dfrac{1}{3}$

　　カ　$-\dfrac{2}{3}\cdot\dfrac{\cos x}{\sin x}-\dfrac{\cos x}{3\sin^3 x}$

8　ア　$\dfrac{1}{6}$　　イ　$-\dfrac{1}{4}$　　ウ　$\dfrac{3}{4}$　　エ　$-\dfrac{1}{2}$　　オ　$\dfrac{1}{2}$　　カ　x

　　キ　$-\dfrac{1}{2}\sin x\cos x+\dfrac{1}{2}x$　　ク　$-\dfrac{1}{4}\sin^3 x\cos x-\dfrac{3}{8}\sin x\cos x+\dfrac{3}{8}x$

　　ケ　$\dfrac{1}{6}\sin^5 x\cos x-\dfrac{1}{24}\sin^3 x\cos x-\dfrac{1}{16}\sin x\cos x+\dfrac{1}{16}x$

9　ア　$\dfrac{1}{2}$　　イ　$\dfrac{\sin x}{2\cos^2 x}+\dfrac{1}{4}\left(-\log|1-\sin x|+\log|1+\sin x|\right)$

　　ウ　$\dfrac{\sin x}{\cos^2 x}-\dfrac{\sin x}{2\cos^2 x}-\dfrac{1}{4}\left(-\log|1-\sin x|+\log|1+\sin x|\right)$

10　ア　$\dfrac{1}{a}\mathrm{Tan}^{-1}\dfrac{x}{a}$　　イ　$\dfrac{1}{2a^2}\left(\dfrac{x}{x^2+a^2}+\dfrac{1}{a}\mathrm{Tan}^{-1}\dfrac{x}{a}\right)$

　　ウ　$\dfrac{x}{4a^2\left(x^2+a^2\right)^2}+\dfrac{3}{8a^4}\cdot\dfrac{x}{x^2+a^2}+\dfrac{3}{8a^5}\mathrm{Tan}^{-1}\dfrac{x}{a}+C$

11　ア　$x\log x-x$　　イ　$x(\log x)^2-2x\log x+2x$

　　ウ　$x(\log x)^3-3x(\log x)^2+6x\log x-6x$

エ $x(\log x)^4 - 4x(\log x)^3 + 12x(\log x)^2 - 24x\log x + 24x + C$

第3章

1 ア $\dfrac{n^2(n+1)^2}{4}$ イ $\dfrac{1}{4}$ ウ $\dfrac{1}{4}$

2 ア $(-1)^3 - (-1)^2 - 5(-1)$ イ -6 ウ 3 エ -9

オ $\cos\pi + 4\sin\pi$ カ $\cos\dfrac{\pi}{2} + 4\sin\dfrac{\pi}{2}$ キ -1 ク 4 ケ -5

コ e^x サ $\dfrac{1}{3}e^{3x}$ シ e^1 または e ス e^{-2} または $\dfrac{1}{e^2}$

セ $\dfrac{1}{3}e^3$ ソ $\dfrac{1}{3}e^{-6}$ または $\dfrac{1}{3e^6}$ タ $3e - \dfrac{3}{e^2} - \dfrac{4}{3}e^3 + \dfrac{4}{3e^6}$

チ 3^2 または 9 ツ 3^1 または 3 テ $\dfrac{6}{\log 3}$

3 ア $\mathrm{Sin}^{-1}\dfrac{x}{2}$ イ $\mathrm{Sin}^{-1}\dfrac{1}{2}$ ウ $\mathrm{Sin}^{-1}0$ エ $\dfrac{\pi}{6}$ オ 5

カ $\dfrac{1}{5}\mathrm{Tan}^{-1}\dfrac{x}{5}$ キ $\dfrac{1}{5}\mathrm{Tan}^{-1}1$ ク $\dfrac{1}{5}\mathrm{Tan}^{-1}0$ ケ $\dfrac{\pi}{10}$

コ $x + \sqrt{x^2+1}$ サ $\log(1+\sqrt{2})$ シ $\log 1$ ス $\log(1+\sqrt{2})$

4 ア $\dfrac{1}{2}$ イ -1 ウ 0 エ 0 オ -1 カ $\dfrac{1}{2}t^3$

キ $\dfrac{1}{8}t^4$ ク 0 ケ -1 コ 0 サ $\dfrac{1}{8}$ シ $-\dfrac{1}{8}$

ス $-dt$ セ 1 ソ $\dfrac{1}{\sqrt{2}}$ タ $\dfrac{1}{\sqrt{2}}$ チ 1 ツ $-t^3$

テ $-\dfrac{1}{4}t^4$ ト $\dfrac{1}{\sqrt{2}}$ ナ 1 ニ $-\dfrac{1}{4}\cdot\dfrac{1}{4}$ または $-\dfrac{1}{16}$

ヌ $-\dfrac{1}{4}$ ネ $\dfrac{3}{16}$

5 ア $\dfrac{1}{3}$　イ 1　ウ 3　エ 3　オ 1　カ $\dfrac{1}{3}e^t$

キ $\dfrac{1}{3}e^t$　ク 3　ケ 1　コ $\dfrac{1}{3}e^3$　サ $\dfrac{1}{3}e^1$ または $\dfrac{1}{3}e$

シ $\dfrac{1}{3}\left(e^3-e\right)$　ス 1　セ 2　ソ 2　タ 1　チ $\dfrac{1}{t}$

ツ $\log|t|$　テ 2　ト 1　ナ $\log 2$　ニ $\log 1$　ヌ $\log 2$

6 ア x　イ x^2　ウ $2\log 2-\dfrac{3}{4}$

7 ア $\dfrac{\pi}{2}$　イ $\dfrac{3}{16}\pi$　ウ $\dfrac{2}{3}$　エ $\dfrac{16}{35}$

第4章

1 ア $-\dfrac{1}{2}x^{-2}$ または $-\dfrac{1}{2x^2}$　　イ x^{-2} または $\dfrac{1}{x^2}$

ウ $1-\dfrac{1}{\varepsilon^2}$　エ $+\infty$　オ $\dfrac{x}{2}$　カ $\mathrm{Sin}^{-1}\dfrac{2-\varepsilon}{2}$

キ $\mathrm{Sin}^{-1}\dfrac{1}{2}$　ク 1　ケ $\dfrac{1}{2}$　コ $\dfrac{\pi}{3}$　サ $-\sqrt{1-x^2}$

シ $-1+\sqrt{1-\left(-1+\varepsilon\right)^2}$ または $-1+\sqrt{2\varepsilon-\varepsilon^2}$　　ス -1

2 ア $-\dfrac{1}{2}x^{-2}$ または $-\dfrac{1}{2x^2}$　　イ $R^{-2}-1$ または $\dfrac{1}{R^2}-1$

ウ $\dfrac{1}{2}$　エ $\sin x$　オ $\sin R$　カ しない　キ $\dfrac{1}{2}$

ク $\dfrac{x}{2}$　ケ $\dfrac{R}{2}$　コ $\dfrac{R'}{2}$　サ $\dfrac{\pi}{2}$　シ $-\dfrac{\pi}{2}$　ス $\dfrac{\pi}{2}$

練習問題の解答

第 1 章

① ① $x^4 - x^3 + x^2 + x + C$　　② $\dfrac{1}{15}x^5 + \dfrac{3}{8}x^4 - \dfrac{1}{10}x^2 + 3x + C$

③ $\dfrac{4}{3}x^3 - 6x^2 + 9x + C$　　④ $\dfrac{1}{3}x^3 + 2x - \dfrac{1}{x} + C$　　⑤ $-2\cos x - 3\sin x + C$

⑥ $-5\cos x - 3\tan x + C$　　⑦ $3e^x - x + C$　　⑧ $\dfrac{2}{3}x\sqrt{x} + 2\sqrt{x} + C$

⑨ $\dfrac{3}{4}x\sqrt[3]{x} + \dfrac{2}{5}x^2\sqrt{x} + C$　　⑩ $-\dfrac{2}{\sqrt{x}} - \dfrac{3}{2}\sqrt[3]{x^2} + C$

（解説）

① $\displaystyle\int(4x^3 - 3x^2 + 2x + 1)dx = 4\int x^3\,dx - 3\int x^2\,dx + 2\int x\,dx + \int dx$

$$= 4\cdot\frac{1}{4}x^4 - 3\cdot\frac{1}{3}x^3 + 2\cdot\frac{1}{2}x^2 + x + C = x^4 - x^3 + x^2 + x + C$$

② $\displaystyle\int\left(\frac{1}{3}x^4 + \frac{3}{2}x^3 - \frac{1}{5}x + 3\right)dx = \frac{1}{3}\cdot\frac{1}{5}x^5 + \frac{3}{2}\cdot\frac{1}{4}x^4 - \frac{1}{5}\cdot\frac{1}{2}x^2 + 3x + C$

$$= \frac{1}{15}x^5 + \frac{3}{8}x^4 - \frac{1}{10}x^2 + 3x + C$$

③ $\displaystyle\int(2x-3)^2\,dx = \int(4x^2 - 12x + 9)dx = 4\cdot\frac{1}{3}x^3 - 12\cdot\frac{1}{2}x^2 + 9x + C$

$$= \frac{4}{3}x^3 - 6x^2 + 9x + C$$

④ $\displaystyle\int\left(x + \frac{1}{x}\right)^2 dx = \int\left(x^2 + 2 + \frac{1}{x^2}\right)dx = \frac{1}{3}x^3 + 2x - \frac{1}{x} + C$

⑤ $\displaystyle\int(2\sin x - 3\cos x)dx = 2(-\cos x) - 3\sin x + C = -2\cos x - 3\sin x + C$

⑥ $\displaystyle\int\left(5\sin x - \frac{3}{\cos^2 x}\right)dx = 5(-\cos x) - 3\tan x + C = -5\cos x - 3\tan x + C$

⑦ $\displaystyle\int(3e^x - 1)dx = 3e^x - x + C$

⑧ $\displaystyle\int\left(\sqrt{x}+\frac{1}{\sqrt{x}}\right)dx = \int\left(x^{\frac{1}{2}}+x^{-\frac{1}{2}}\right)dx = \frac{2}{3}x^{\frac{3}{2}}+2x^{\frac{1}{2}}+C$

$\displaystyle\qquad\qquad\qquad\qquad\quad = \frac{2}{3}x\sqrt{x}+2\sqrt{x}+C$

⑨ $\displaystyle\int\left(\sqrt[3]{x}+x\sqrt{x}\right)dx = \int\left(x^{\frac{1}{3}}+x^{\frac{3}{2}}\right)dx = \frac{3}{4}x^{\frac{4}{3}}+\frac{2}{5}x^{\frac{5}{2}}+C$

$\displaystyle\qquad\qquad\qquad\qquad\quad = \frac{3}{4}x\sqrt[3]{x}+\frac{2}{5}x^2\sqrt{x}+C$

⑩ $\displaystyle\int\left(\frac{1}{x\sqrt{x}}-\frac{1}{\sqrt[3]{x}}\right)dx = \int\left(x^{-\frac{3}{2}}-x^{-\frac{1}{3}}\right)dx$

$\displaystyle\qquad\qquad\qquad\qquad\quad = -2x^{-\frac{1}{2}}-\frac{3}{2}x^{\frac{2}{3}}+C = -\frac{2}{\sqrt{x}}-\frac{3}{2}\sqrt[3]{x^2}+C$

2 ① $\dfrac{1}{10}\left(2x-3\right)^5+C$ 　② $\dfrac{1}{16}\left(4x+3\right)^4+C$ 　③ $-\dfrac{1}{24}\left(-4x+1\right)^6+C$

　④ $-\dfrac{1}{15}\left(-3x+7\right)^5+C$ 　⑤ $\dfrac{1}{3}\log\left|3x+5\right|+C$ 　⑥ $\dfrac{1}{4}\log\left|4x-7\right|+C$

　⑦ $-\dfrac{1}{3}\log\left|-3x+8\right|+C$ 　⑧ $-\dfrac{1}{3}\log\left|6-3x\right|+C$ 　⑨ $-\dfrac{1}{4\left(2x-7\right)^2}+C$

　⑩ $-\dfrac{1}{12\left(3x+4\right)^4}+C$ 　⑪ $\dfrac{1}{9\left(-3x+2\right)^3}+C$ 　⑫ $\dfrac{1}{5\left(-x+5\right)^5}+C$

（解説）

① $\displaystyle\int\left(2x-3\right)^4dx = \frac{1}{2}\cdot\frac{1}{5}\left(2x-3\right)^5+C = \frac{1}{10}\left(2x-3\right)^5+C$

② $\displaystyle\int\left(4x+3\right)^3dx = \frac{1}{4}\cdot\frac{1}{4}\left(4x+3\right)^4+C = \frac{1}{16}\left(4x+3\right)^4+C$

③ $\displaystyle\int\left(-4x+1\right)^5dx = \frac{1}{-4}\cdot\frac{1}{6}\left(-4x+1\right)^6+C = -\frac{1}{24}\left(-4x+1\right)^6+C$

④ $\displaystyle\int\left(-3x+7\right)^4dx = \frac{1}{-3}\cdot\frac{1}{5}\left(-3x+7\right)^5+C = -\frac{1}{15}\left(-3x+7\right)^5+C$

⑤　$\displaystyle\int\frac{dx}{3x+5}=\frac{1}{3}\log|3x+5|+C$

⑥　$\displaystyle\int\frac{dx}{4x-7}=\frac{1}{4}\log|4x-7|+C$

⑦　$\displaystyle\int\frac{dx}{-3x+8}=\frac{1}{-3}\log|-3x+8|+C=-\frac{1}{3}\log|-3x+8|+C$

⑧　$\displaystyle\int\frac{dx}{6-3x}=\frac{1}{-3}\log|6-3x|+C=-\frac{1}{3}\log|6-3x|+C$

⑨　$\displaystyle\int\frac{dx}{(2x-7)^3}=\int(2x-7)^{-3}\,dx=\frac{1}{2}\cdot\frac{1}{-2}(2x-7)^{-2}+C=-\frac{1}{4(2x-7)^2}+C$

⑩　$\displaystyle\int\frac{dx}{(3x+4)^5}=\int(3x+4)^{-5}\,dx=\frac{1}{3}\cdot\frac{1}{-4}(3x+4)^{-4}+C=-\frac{1}{12(3x+4)^4}+C$

⑪　$\displaystyle\int\frac{dx}{(-3x+2)^4}=\int(-3x+2)^{-4}\,dx=\frac{1}{-3}\cdot\frac{1}{-3}(-3x+2)^{-3}+C=\frac{1}{9(-3x+2)^3}+C$

⑫　$\displaystyle\int\frac{dx}{(-x+5)^6}=\int(-x+5)^{-6}\,dx=\frac{1}{-1}\cdot\frac{1}{-5}(-x+5)^{-5}+C=\frac{1}{5(-x+5)^5}+C$

3　①　$\displaystyle\frac{1}{3}(2x+5)\sqrt{2x+5}+C$　　②　$\displaystyle\frac{2}{9}(3x-7)\sqrt{3x-7}+C$

　　③　$\displaystyle\frac{1}{2}\sqrt{4x-5}+C$　　　　④　$\displaystyle\frac{2}{5}\sqrt{5x+7}+C$

（解説）

①　$\displaystyle\int\sqrt{2x+5}\,dx=\int(2x+5)^{\frac{1}{2}}\,dx=\frac{1}{2}\cdot\frac{2}{3}(2x+5)^{\frac{3}{2}}+C=\frac{1}{3}(2x+5)\sqrt{2x+5}+C$

②　$\displaystyle\int\sqrt{3x-7}\,dx=\int(3x-7)^{\frac{1}{2}}\,dx=\frac{1}{3}\cdot\frac{2}{3}(3x-7)^{\frac{3}{2}}+C=\frac{2}{9}(3x-7)\sqrt{3x-7}+C$

③　$\displaystyle\int\frac{dx}{\sqrt{4x-5}}=\int(4x-5)^{-\frac{1}{2}}\,dx=\frac{1}{4}\cdot2(4x-5)^{\frac{1}{2}}+C=\frac{1}{2}\sqrt{4x-5}+C$

④　$\displaystyle\int\frac{dx}{\sqrt{5x+7}}=\int(5x+7)^{-\frac{1}{2}}\,dx=\frac{1}{5}\cdot2(5x+7)^{\frac{1}{2}}+C=\frac{2}{5}\sqrt{5x+7}+C$

$\boxed{4}$ ① $-\dfrac{1}{6}\cos 6x + C$　② $-\dfrac{1}{2}\cos(2x-1)+C$　③ $\dfrac{1}{3}\sin(3x+4)+C$

④ $\dfrac{1}{5}e^{5x}+C$　⑤ $\dfrac{1}{3}e^{3x-5}+C$

$\boxed{5}$ ① $\text{Sin}^{-1}\dfrac{x}{3}+C$　② $\text{Sin}^{-1}\dfrac{x}{\sqrt{2}}+C$　③ $\dfrac{1}{\sqrt{2}}\text{Tan}^{-1}\dfrac{x}{\sqrt{2}}+C$

④ $\dfrac{1}{\sqrt{5}}\text{Tan}^{-1}\dfrac{x}{\sqrt{5}}+C$　⑤ $\log\left(x+\sqrt{x^2+7}\right)+C$　⑥ $\log\left|x+\sqrt{x^2-6}\right|+C$

（解説）

① $\displaystyle\int\dfrac{dx}{\sqrt{9-x^2}}=\int\dfrac{dx}{\sqrt{3^2-x^2}}=\text{Sin}^{-1}\dfrac{x}{3}+C$

② $\displaystyle\int\dfrac{dx}{\sqrt{2-x^2}}=\int\dfrac{dx}{\sqrt{\left(\sqrt{2}\right)^2-x^2}}=\text{Sin}^{-1}\dfrac{x}{\sqrt{2}}+C$

③ $\displaystyle\int\dfrac{dx}{x^2+2}=\int\dfrac{dx}{x^2+\left(\sqrt{2}\right)^2}=\dfrac{1}{\sqrt{2}}\text{Tan}^{-1}\dfrac{x}{\sqrt{2}}+C$

④ $\displaystyle\int\dfrac{dx}{x^2+5}=\int\dfrac{dx}{x^2+\left(\sqrt{5}\right)^2}=\dfrac{1}{\sqrt{5}}\text{Tan}^{-1}\dfrac{x}{\sqrt{5}}+C$

⑤ $\displaystyle\int\dfrac{dx}{\sqrt{x^2+7}}=\log\left|x+\sqrt{x^2+7}\right|+C=\log\left(x+\sqrt{x^2+7}\right)+C$

⑥ $\displaystyle\int\dfrac{dx}{\sqrt{x^2-6}}=\log\left|x+\sqrt{x^2-6}\right|+C$

$\boxed{6}$ ① $\text{Sin}^{-1}\dfrac{x-2}{\sqrt{10}}+C$　② $\text{Sin}^{-1}\dfrac{x-1}{2}+C$

③ $\dfrac{2}{\sqrt{3}}\text{Tan}^{-1}\dfrac{2x+1}{\sqrt{3}}+C$　④ $\dfrac{2}{\sqrt{11}}\text{Tan}^{-1}\dfrac{2x-1}{\sqrt{11}}+C$

⑤ $\log\left(x+\dfrac{1}{2}+\sqrt{x^2+x+1}\right)+C$　⑥ $\dfrac{1}{\sqrt{3}}\log\left(x-\dfrac{1}{2}+\sqrt{x^2-x+\dfrac{1}{3}}\right)+C$

（解説）

① $\displaystyle\int\frac{dx}{\sqrt{4x+6-x^2}}=\int\frac{dx}{\sqrt{6-\left(x^2-4x\right)}}=\int\frac{dx}{\sqrt{6-\left\{\left(x-2\right)^2-4\right\}}}$

$\displaystyle\qquad=\int\frac{dx}{\sqrt{10-\left(x-2\right)^2}}=\int\frac{dx}{\sqrt{\left(\sqrt{10}\right)^2-\left(x-2\right)^2}}=\mathrm{Sin}^{-1}\frac{x-2}{\sqrt{10}}+C$

② $\displaystyle\int\frac{dx}{\sqrt{3+2x-x^2}}=\int\frac{dx}{\sqrt{3-\left(x^2-2x\right)}}=\int\frac{dx}{\sqrt{3-\left\{\left(x-1\right)^2-1\right\}}}$

$\displaystyle\qquad=\int\frac{dx}{\sqrt{2^2-\left(x-1\right)^2}}=\mathrm{Sin}^{-1}\frac{x-1}{2}+C$

③ $\displaystyle\int\frac{dx}{x^2+x+1}=\int\frac{dx}{\left(x+\frac{1}{2}\right)^2+\frac{3}{4}}=\int\frac{dx}{\left(x+\frac{1}{2}\right)^2+\left(\frac{\sqrt{3}}{2}\right)^2}$

$\displaystyle\qquad=\frac{1}{\frac{\sqrt{3}}{2}}\mathrm{Tan}^{-1}\frac{x+\frac{1}{2}}{\frac{\sqrt{3}}{2}}+C=\frac{2}{\sqrt{3}}\mathrm{Tan}^{-1}\frac{2x+1}{\sqrt{3}}+C$

④ $\displaystyle\int\frac{dx}{x^2-x+3}=\int\frac{dx}{\left(x-\frac{1}{2}\right)^2-\frac{1}{4}+3}=\int\frac{dx}{\left(x-\frac{1}{2}\right)^2+\left(\frac{\sqrt{11}}{2}\right)^2}$

$\displaystyle\qquad=\frac{2}{\sqrt{11}}\mathrm{Tan}^{-1}\frac{2\left(x-\frac{1}{2}\right)}{\sqrt{11}}+C=\frac{2}{\sqrt{11}}\mathrm{Tan}^{-1}\frac{2x-1}{\sqrt{11}}+C$

⑤ $\displaystyle\int\frac{dx}{\sqrt{x^2+x+1}}=\int\frac{dx}{\sqrt{\left(x+\frac{1}{2}\right)^2+\frac{3}{4}}}=\int\frac{dx}{\sqrt{\left(x+\frac{1}{2}\right)^2+\left(\frac{\sqrt{3}}{2}\right)^2}}=\log\left(x+\frac{1}{2}+\sqrt{x^2+x+1}\right)+C$

⑥ $\displaystyle\int\frac{dx}{\sqrt{3x^2-3x+1}}=\int\frac{dx}{\sqrt{3\left(x^2-x\right)+1}}=\int\frac{dx}{\sqrt{3\left\{\left(x-\frac{1}{2}\right)^2-\frac{1}{4}\right\}+1}}=\int\frac{dx}{\sqrt{3\left(x-\frac{1}{2}\right)^2+\frac{1}{4}}}$

$\displaystyle\qquad=\int\frac{dx}{\sqrt{3}\sqrt{\left(x-\frac{1}{2}\right)^2+\frac{1}{12}}}=\frac{1}{\sqrt{3}}\log\left(x-\frac{1}{2}+\sqrt{x^2-x+\frac{1}{3}}\right)+C$

7 ① $\dfrac{1}{6}\log\left|\dfrac{x-3}{x+3}\right|+C$ ② $\dfrac{1}{2\sqrt{2}}\log\left|\dfrac{x-\sqrt{2}}{x+\sqrt{2}}\right|+C$ ③ $\dfrac{1}{2}\log\left|\dfrac{x+2}{x+4}\right|+C$

④ $\dfrac{1}{5}\log\left|\dfrac{x-3}{x+2}\right|+C$ ⑤ $\dfrac{5}{12}\log\left|\dfrac{3x-2}{3x+2}\right|+C$

（解説）

① $\displaystyle\int\dfrac{dx}{x^2-9}=\int\dfrac{dx}{(x-3)(x+3)}=\dfrac{1}{6}\int\left(\dfrac{1}{x-3}-\dfrac{1}{x+3}\right)dx=\dfrac{1}{6}\log\left|\dfrac{x-3}{x+3}\right|+C$

② $\displaystyle\int\dfrac{dx}{x^2-2}=\int\dfrac{dx}{(x-\sqrt{2})(x+\sqrt{2})}=\dfrac{1}{2\sqrt{2}}\int\left(\dfrac{1}{x-\sqrt{2}}-\dfrac{1}{x+\sqrt{2}}\right)dx$

$\qquad\qquad =\dfrac{1}{2\sqrt{2}}\log\left|\dfrac{x-\sqrt{2}}{x+\sqrt{2}}\right|+C$

③ $\displaystyle\int\dfrac{dx}{x^2+6x+8}=\int\dfrac{dx}{(x+2)(x+4)}=\dfrac{1}{2}\int\left(\dfrac{1}{x+2}-\dfrac{1}{x+4}\right)dx=\dfrac{1}{2}\log\left|\dfrac{x+2}{x+4}\right|+C$

④ $\displaystyle\int\dfrac{dx}{x^2-x-6}=\int\dfrac{dx}{(x-3)(x+2)}=\dfrac{1}{5}\int\left(\dfrac{1}{x-3}-\dfrac{1}{x+2}\right)dx=\dfrac{1}{5}\log\left|\dfrac{x-3}{x+2}\right|+C$

⑤ $\displaystyle\int\dfrac{5}{9x^2-4}dx=5\int\dfrac{1}{(3x-2)(3x+2)}dx=\dfrac{5}{4}\int\left(\dfrac{1}{3x-2}-\dfrac{1}{3x+2}\right)dx$

$\qquad\qquad =\dfrac{5}{4}\left(\dfrac{1}{3}\log|3x-2|-\dfrac{1}{3}\log|3x+2|\right)+C$

$\qquad\qquad =\dfrac{5}{12}\left(\log|3x-2|-\log|3x+2|\right)+C$

$\qquad\qquad =\dfrac{5}{12}\log\left|\dfrac{3x-2}{3x+2}\right|+C$

---

8 ① $\dfrac{1}{4}\log\left(2x^2+3\right)+C$ ② $\dfrac{1}{3}\log\left|x^3+3\right|+C$

③ $\dfrac{1}{b}\log\left|a+b\sin x\right|+C$ ④ $\log\left(e^x+e^{-x}\right)+C$

（解説）

① $\displaystyle\int \frac{x}{2x^2+3}dx = \int \frac{1}{4}\cdot\frac{4x}{2x^2+3}dx = \frac{1}{4}\int \frac{\left(2x^2+3\right)'}{2x^2+3}dx = \frac{1}{4}\log\left(2x^2+3\right)+C$

② $\displaystyle\int \frac{x^2}{x^3+3}dx = \int \frac{1}{3}\cdot\frac{3x^2}{x^3+3}dx = \frac{1}{3}\int \frac{\left(x^3+3\right)'}{x^3+3}dx = \frac{1}{3}\log\left|x^3+3\right|+C$

③ $\displaystyle\int \frac{\cos x}{a+b\sin x}dx = \int \frac{1}{b}\cdot\frac{b\cos x}{a+b\sin x}dx = \frac{1}{b}\int \frac{\left(a+b\sin x\right)'}{a+b\sin x}dx = \frac{1}{b}\log\left|a+b\sin x\right|+C$

④ $\displaystyle\int \frac{e^x-e^{-x}}{e^x+e^{-x}}dx = \int \frac{\left(e^x+e^{-x}\right)'}{e^x+e^{-x}}dx = \log\left(e^x+e^{-x}\right)+C$

---

⑨ ① $\dfrac{1}{3}\left(\log|x+1|-\log|x+4|\right)+C$ または $\dfrac{1}{3}\log\left|\dfrac{x+1}{x+4}\right|+C$

② $\log|x+2|-\log|x+10|+C$ または $\log\left|\dfrac{x+2}{x+10}\right|+C$

③ $\dfrac{8}{3}\log|x-2|+\dfrac{1}{3}\log|x+1|+C$

④ $\dfrac{9}{5}\log|x-4|+\dfrac{1}{5}\log|x+1|+C$

⑤ $\dfrac{1}{2}\left(x^2+\log\left|\dfrac{(x-1)^3}{x+1}\right|\right)+C$ または $\dfrac{1}{2}\left(x^2+\log\left|\dfrac{(x-1)^3}{x+1}\right|\right)+C$

（解説）

① $\dfrac{1}{x^2+5x+4} = \dfrac{1}{(x+1)(x+4)} = \dfrac{A}{x+1}+\dfrac{B}{x+4}$ とおき分母を払うと

$1 = A(x+4)+B(x+1) = (A+B)x+(4A+B)$

$A+B=0,\ 4A+B=1$

$\therefore A=\dfrac{1}{3},\ \ B=-\dfrac{1}{3}$

$\displaystyle\int \frac{dx}{x^2+5x+4} = \frac{1}{3}\int \frac{dx}{x+1}-\frac{1}{3}\int \frac{dx}{x+4}$

$$= \frac{1}{3}\left(\log|x+1| - \log|x+4|\right) + C$$

② $\dfrac{8}{x^2+12x+20} = \dfrac{8}{(x+2)(x+10)} = \dfrac{A}{x+2} + \dfrac{B}{x+10}$ とおき分母を払うと

$8 = A(x+10) + B(x+2) = (A+B)x + (10A+2B)$

$\therefore A+B=0, \quad 10A+2B=8$

$\therefore A=1, \quad B=-1$

$$\int \frac{8}{x^2+12x+20}\,dx = \int \frac{dx}{x+2} - \int \frac{dx}{x+10} = \log|x+2| - \log|x+10| + C$$

③ $\dfrac{3x+2}{x^2-x-2} = \dfrac{3x+2}{(x-2)(x+1)} = \dfrac{A}{x-2} + \dfrac{B}{x+1}$ とおき分母を払うと

$3x+2 = A(x+1) + B(x-2) = (A+B)x + (A-2B)$

$\therefore A+B=3, \quad A-2B=2$

$\therefore A=\dfrac{8}{3}, \quad B=\dfrac{1}{3}$

$$\int \frac{3x+2}{x^2-x-2}\,dx = \frac{8}{3}\int \frac{dx}{x-2} + \frac{1}{3}\int \frac{dx}{x+1}$$

$$= \frac{8}{3}\log|x-2| + \frac{1}{3}\log|x+1| + C$$

④ $\dfrac{2x+1}{x^2-3x-4} = \dfrac{2x+1}{(x-4)(x+1)} = \dfrac{A}{x-4} + \dfrac{B}{x+1}$ とおき分母を払うと

$2x+1 = A(x+1) + B(x-4) = (A+B)x + (A-4B)$

$\therefore A+B=2, \quad A-4B=1$

$\therefore A=\dfrac{9}{5}, \quad B=\dfrac{1}{5}$

$$\int \frac{2x+1}{x^2-3x-4}\,dx = \frac{9}{5}\int \frac{dx}{x-4} + \frac{1}{5}\int \frac{dx}{x+1}$$

$$= \frac{9}{5}\log|x-4| + \frac{1}{5}\log|x+1| + C$$

⑤ $\dfrac{x^3+2}{x^2-1} = x + \dfrac{x+2}{x^2-1}$ であり

$\dfrac{x+2}{x^2-1} = \dfrac{x+2}{(x-1)(x+1)} = \dfrac{A}{x-1} + \dfrac{B}{x+1}$ とおき分母を払うと

$$
\begin{array}{r}
x \phantom{{}+2} \\
x^2-1 \overline{)\, x^3 + 2} \\
\underline{x^3 - x} \\
x + 2
\end{array}
$$

$$x+2 = A(x+1) + B(x-1) = (A+B)x + (A-B)$$

$$\therefore A+B=1, \quad A-B=2$$

$$\therefore A = \frac{3}{2}, \quad B = -\frac{1}{2}$$

$$\int \frac{x^3+2}{x^2-1}\, dx = \int \left(x + \frac{A}{x-1} + \frac{B}{x+1} \right) dx$$

$$= \frac{1}{2}x^2 + \frac{3}{2}\int \frac{dx}{x-1} - \frac{1}{2}\int \frac{dx}{x+1}$$

$$= \frac{1}{2}x^2 + \frac{3}{2}\log|x-1| - \frac{1}{2}\log|x+1| + C$$

10⃣1⃣ ① $A = -\dfrac{1}{6}, \quad B = \dfrac{1}{6}, \quad C = \dfrac{1}{3}$

② $I_1 = -\dfrac{1}{6}\log|x+2|$

③ $I_2 = \dfrac{1}{12}\log(x^2-2x+4) + \dfrac{1}{2\sqrt{3}}\mathrm{Tan}^{-1}\dfrac{x-1}{\sqrt{3}}$

④ $-\dfrac{1}{6}\log|x+2| + \dfrac{1}{12}\log(x^2-2x+4) + \dfrac{1}{2\sqrt{3}}\mathrm{Tan}^{-1}\dfrac{x-1}{\sqrt{3}} + C$

（解説）

① $\dfrac{x}{x^3+8} = \dfrac{x}{(x+2)(x^2-2x+4)} = \dfrac{A}{x+2} + \dfrac{Bx+C}{x^2-2x+4}$ とおき分母を払うと

$$x = A(x^2-2x+4) + (Bx+C)(x+2)$$

$$x = (A+B)x^2 + (-2A+2B+C)x + (4A+2C)$$

$$\therefore A+B=0, \quad -2A+2B+C=1, \quad 4A+2C=0$$

$$\therefore A = -\frac{1}{6}, \quad B = \frac{1}{6}, \quad C = \frac{1}{3}$$

② $I_1 = \displaystyle\int \dfrac{-\dfrac{1}{6}}{x+2}\, dx = -\dfrac{1}{6}\int \dfrac{dx}{x+2} = -\dfrac{1}{6}\log|x+2|$

③　$I_2 = \displaystyle\int \frac{\dfrac{1}{6}x+\dfrac{1}{3}}{x^2-2x+4}\,dx = \frac{1}{6}\int \frac{x+2}{x^2-2x+4}\,dx = \frac{1}{6}\int \frac{1}{2}\cdot\frac{(2x-2)+6}{x^2-2x+4}\,dx$

$= \dfrac{1}{12}\displaystyle\int \frac{2x-2}{x^2-2x+4}\,dx + \frac{1}{2}\int \frac{dx}{x^2-2x+4}$

$= \dfrac{1}{12}\displaystyle\int \frac{\left(x^2-2x+4\right)'}{x^2-2x+4}\,dx + \frac{1}{2}\int \frac{dx}{(x-1)^2+\left(\sqrt{3}\right)^2}$

$= \dfrac{1}{12}\log\left(x^2-2x+4\right) + \frac{1}{2\sqrt{3}}\mathrm{Tan}^{-1}\dfrac{x-1}{\sqrt{3}}$

④　$\displaystyle\int \frac{x}{x^3+8}\,dx = I_1 + I_2$

$= -\dfrac{1}{6}\log|x+2| + \dfrac{1}{12}\log\left(x^2-2x+4\right) + \dfrac{1}{2\sqrt{3}}\mathrm{Tan}^{-1}\dfrac{x-1}{\sqrt{3}} + C$

2　$\dfrac{1}{3}\log|x-1| - \dfrac{1}{6}\log\left(x^2+x+1\right) + \dfrac{1}{\sqrt{3}}\mathrm{Tan}^{-1}\dfrac{2x+1}{\sqrt{3}} + C$

（解説）

$\dfrac{x}{x^3-1} = \dfrac{x}{(x-1)\left(x^2+x+1\right)} = \dfrac{A}{x-1} + \dfrac{Bx+C}{x^2+x+1}$ とおき分母を払うと

$x = A\left(x^2+x+1\right) + (Bx+C)(x-1)$

$x = (A+B)x^2 + (A-B+C)x + (A-C)$

これが x の恒等式だから

$A+B=0,\ A-B+C=1,\ A-C=0$

$\therefore A=\dfrac{1}{3},\quad B=-\dfrac{1}{3},\quad C=\dfrac{1}{3}$

$\displaystyle\int \frac{x}{x^3-1}\,dx = \frac{1}{3}\int \frac{dx}{x-1} - \frac{1}{3}\int \frac{x-1}{x^2+x+1}\,dx$

$= \dfrac{1}{3}\log|x-1| - \dfrac{1}{3}\displaystyle\int \frac{1}{2}\cdot\frac{(2x+1)-3}{x^2+x+1}\,dx$

$= \dfrac{1}{3}\log|x-1| - \dfrac{1}{6}\displaystyle\int \frac{\left(x^2+x+1\right)'}{x^2+x+1}\,dx + \frac{1}{2}\int \frac{dx}{x^2+x+1}$

$$= \frac{1}{3}\log|x-1| - \frac{1}{6}\log(x^2+x+1) + \frac{1}{2}\int \frac{dx}{\left(x+\frac{1}{2}\right)^2 + \left(\frac{\sqrt{3}}{2}\right)^2}$$

$$= \frac{1}{3}\log|x-1| - \frac{1}{6}\log(x^2+x+1) + \frac{1}{\sqrt{3}}\mathrm{Tan}^{-1}\frac{2x+1}{\sqrt{3}} + C$$

$\boxed{3}$ $\log|x| - \frac{1}{2}\log(x^2+x+1) - \sqrt{3}\,\mathrm{Tan}^{-1}\frac{2x+1}{\sqrt{3}} + C$

（解説）

$$\frac{1-x}{x+x^2+x^3} = \frac{1-x}{x(1+x+x^2)} = \frac{A}{x} + \frac{Bx+C}{1+x+x^2} \text{ とおき分母を払うと}$$

$$1-x = A(1+x+x^2) + (Bx+C)x$$

$$1-x = A + (A+C)x + (A+B)x^2$$

$$A=1, \ A+C=-1, \ A+B=0$$

$$\therefore B=-1, \ C=-2$$

$$\int \frac{1-x}{x+x^2+x^3}dx = \int \frac{dx}{x} + \int \frac{-x-2}{1+x+x^2}dx$$

$$= \log|x| - \int \frac{x+2}{x^2+x+1}dx$$

$$= \log|x| - \frac{1}{2}\int \frac{2x+1}{x^2+x+1}dx - \frac{3}{2}\int \frac{dx}{x^2+x+1}$$

$$= \log|x| - \frac{1}{2}\int \frac{(x^2+x+1)'}{x^2+x+1}dx - \frac{3}{2}\int \frac{dx}{\left(x+\frac{1}{2}\right)^2 + \left(\frac{\sqrt{3}}{2}\right)^2}$$

$$= \log|x| - \frac{1}{2}\log(x^2+x+1) - \frac{3}{2}\cdot\frac{2}{\sqrt{3}}\mathrm{Tan}^{-1}\frac{2\left(x+\frac{1}{2}\right)}{\sqrt{3}} + C$$

$$= \log|x| - \frac{1}{2}\log(x^2+x+1) - \sqrt{3}\,\mathrm{Tan}^{-1}\frac{2x+1}{\sqrt{3}} + C$$

11 ① $2\log|x-1|-5\log|x+3|+\log|x+4|+C$

② $\log|x+2|-2\log|x-3|+3\log|x-5|+C$

（解説）

① $\dfrac{-2x^2+x+41}{(x-1)(x+3)(x+4)}=\dfrac{A}{x-1}+\dfrac{B}{x+3}+\dfrac{C}{x+4}$ とおき分母を払うと

$-2x^2+x+41=A(x+3)(x+4)+B(x-1)(x+4)+C(x-1)(x+3)$

$x=1$ とすると $40=20A$　$\therefore A=2$

$x=-3$ とすると $20=-4B$　$\therefore B=-5$

$x=-4$ とすると $5=5C$　$\therefore C=1$

よって求める不定積分は

$$\int\dfrac{-2x^2+x+41}{(x-1)(x+3)(x+4)}dx=2\int\dfrac{dx}{x-1}-5\int\dfrac{dx}{x+3}+\int\dfrac{dx}{x+4}$$

$$=2\log|x-1|-5\log|x+3|+\log|x+4|+C$$

② $\dfrac{2x^2-5x+17}{(x+2)(x-3)(x-5)}=\dfrac{A}{x+2}+\dfrac{B}{x-3}+\dfrac{C}{x-5}$ とおき分母を払うと

$2x^2-5x+17=A(x-3)(x-5)+B(x+2)(x-5)+C(x+2)(x-3)$

$x=-2$ とすると $35=35A$　$\therefore A=1$

$x=3$ とすると $20=-10B$　$\therefore B=-2$

$x=5$ とすると $42=14C$　$\therefore C=3$

$\therefore \dfrac{2x^2-5x+17}{(x+2)(x-3)(x-5)}=\dfrac{1}{x+2}-\dfrac{2}{x-3}+\dfrac{3}{x-5}$

よって求める不定積分は

$$\int\dfrac{2x^2-5x+17}{(x+2)(x-3)(x-5)}dx=\int\dfrac{dx}{x+2}-2\int\dfrac{dx}{x-3}+3\int\dfrac{dx}{x-5}$$

$$=\log|x+2|-2\log|x-3|+3\log|x-5|+C$$

⑫　①　$\dfrac{1}{2}\log\left|\dfrac{x-1}{x+3}\right|-\dfrac{1}{x-1}+C$

　　②　$-\log|x|+2\log|x-1|-\dfrac{1}{x-1}-\dfrac{1}{(x-1)^2}+C$

（解説）

①　$\dfrac{3x+1}{(x-1)^2(x+3)}=\dfrac{A}{x-1}+\dfrac{B}{(x-1)^2}+\dfrac{C}{x+3}$ とおき分母を払うと

$3x+1=A(x-1)(x+3)+B(x+3)+C(x-1)^2$

$x=1$ として $4=4B$　　$\therefore B=1$

$x=-3$ として $-8=16C$　$\therefore C=-\dfrac{1}{2}$

両辺の x^2 の係数を比較して

$A+C=0$　$\therefore A=\dfrac{1}{2}$

$\displaystyle\int\dfrac{3x+1}{(x-1)^2(x+3)}dx=\dfrac{1}{2}\int\dfrac{dx}{x-1}+\int\dfrac{dx}{(x-1)^2}-\dfrac{1}{2}\int\dfrac{dx}{x+3}$

$\displaystyle\qquad\qquad=\dfrac{1}{2}\log|x-1|-\dfrac{1}{x-1}-\dfrac{1}{2}\log|x+3|+C$

$\displaystyle\qquad\qquad=\dfrac{1}{2}\log\left|\dfrac{x-1}{x+3}\right|-\dfrac{1}{x-1}+C$

②　$\dfrac{x^3+1}{x(x-1)^3}=\dfrac{A}{x}+\dfrac{B}{x-1}+\dfrac{C}{(x-1)^2}+\dfrac{D}{(x-1)^3}$ とおき分母を払うと

$x^3+1=A(x-1)^3+Bx(x-1)^2+Cx(x-1)+Dx$

$x=1$ として $2=D$

$x=0$ として $1=-A$　　　　　　　　　$\therefore A=-1$

$x=-1$ として $0=-8A-4B+2C-D$　$\therefore -2B+C=-3$

$x=2$ として $9=A+2B+2C+2D$　　$\therefore B+C=3$

$\therefore C=1,\ B=2$

$\displaystyle\int\dfrac{x^3+1}{x(x-1)^3}dx=\int\left(-\dfrac{1}{x}+\dfrac{2}{x-1}+\dfrac{1}{(x-1)^2}+\dfrac{2}{(x-1)^3}\right)dx$

$\displaystyle\qquad\qquad=-\int\dfrac{1}{x}dx+2\int\dfrac{1}{x-1}dx+\int\dfrac{1}{(x-1)^2}dx+2\int\dfrac{1}{(x-1)^3}dx$

$$= -\log|x| + 2\log|x-1| - \frac{1}{x-1} - \frac{1}{(x-1)^2} + C$$

13 ① $A = -\dfrac{1}{4}$, $B = \dfrac{1}{4}$, $C = -\dfrac{1}{4}$, $D = \dfrac{1}{4}$

② $\dfrac{1}{4}\left(-\log|1+x| - \dfrac{1}{1+x} + \log|1-x| + \dfrac{1}{1-x}\right) + C$ または $\dfrac{1}{4}\left(\dfrac{2x}{1-x^2} + \log\left|\dfrac{1-x}{1+x}\right|\right)$

（解説）

① $\dfrac{x^2}{(1+x)^2(1-x)^2} = \dfrac{A}{1+x} + \dfrac{B}{(1+x)^2} + \dfrac{C}{1-x} + \dfrac{D}{(1-x)^2}$ とおき分母を払うと

$x^2 = A(1+x)(1-x)^2 + B(1-x)^2 + C(1+x)^2(1-x) + D(1+x)^2$

$x = 1$ として $1 = 4D$ $\therefore D = \dfrac{1}{4}$

$x = -1$ として $1 = 4B$ $\therefore B = \dfrac{1}{4}$

$x = 0$ として $0 = A + B + C + D$ $\therefore A + C = -\dfrac{1}{2}$

x^3 の係数を比較して $\therefore A - C = 0$

$\therefore A = -\dfrac{1}{4}$, $C = -\dfrac{1}{4}$

② $\displaystyle\int \frac{x^2}{(1+x)^2(1-x)^2}\,dx = \int\left\{-\frac{1}{4}\cdot\frac{1}{1+x} + \frac{1}{4}\cdot\frac{1}{(1+x)^2} - \frac{1}{4}\cdot\frac{1}{1-x} + \frac{1}{4}\cdot\frac{1}{(1-x)^2}\right\}dx$

$\displaystyle = -\frac{1}{4}\int\frac{dx}{1+x} + \frac{1}{4}\int\frac{dx}{(1+x)^2} - \frac{1}{4}\int\frac{dx}{1-x} + \frac{1}{4}\int\frac{dx}{(1-x)^2}$

$\displaystyle = -\frac{1}{4}\log|1+x| - \frac{1}{4}\cdot\frac{1}{1+x} + \frac{1}{4}\log|1-x| + \frac{1}{4}\cdot\frac{1}{1-x} + C$

$\displaystyle = \frac{1}{4}\left(-\log|1+x| - \frac{1}{1+x} + \log|1-x| + \frac{1}{1-x}\right) + C$

$\boxed{14}$ ① $2\log|x|-\dfrac{1}{x}-2\log|x-1|-\dfrac{1}{x-1}+C$ または $2\log\left|\dfrac{x}{x-1}\right|-\dfrac{2x-1}{x(x-1)}+C$

② $\dfrac{1}{6}\log\left|\dfrac{x-1}{x+1}\right|+\dfrac{\sqrt{2}}{3}\mathrm{Tan}^{-1}\dfrac{x}{\sqrt{2}}+C$

（解説）

① $\dfrac{1}{x^2(x-1)^2}=\dfrac{A}{x}+\dfrac{B}{x^2}+\dfrac{C}{x-1}+\dfrac{D}{(x-1)^2}$ とおき分母を払うと

$1=Ax(x-1)^2+B(x-1)^2+Cx^2(x-1)+Dx^2$

$x=0$ として $1=B$

$x=1$ として $1=D$

$x=-1$ として $1=-4A+4B-2C+D$　$\therefore 2A+C=2$

$x=2$ として $1=2A+B+4C+4D$　　$\therefore A+2C=-2$

$\therefore A=2,\ C=-2$

$\displaystyle\int\dfrac{dx}{x^2(x-1)^2}=\int\left\{\dfrac{2}{x}+\dfrac{1}{x^2}+\dfrac{-2}{x-1}+\dfrac{1}{(x-1)^2}\right\}dx$

$\displaystyle =2\int\dfrac{dx}{x}+\int\dfrac{dx}{x^2}-2\int\dfrac{dx}{x-1}+\int\dfrac{dx}{(x-1)^2}$

$=2\log|x|-\dfrac{1}{x}-2\log|x-1|-\dfrac{1}{x-1}+C$

② $\dfrac{x^2}{x^4+x^2-2}=\dfrac{x^2}{(x^2-1)(x^2+2)}=\dfrac{x^2}{(x-1)(x+1)(x^2+2)}$ より

$\dfrac{x^2}{(x-1)(x+1)(x^2+2)}=\dfrac{A}{x-1}+\dfrac{B}{x+1}+\dfrac{Cx+D}{x^2+2}$ とおき分母を払うと

$x^2=A(x+1)(x^2+2)+B(x-1)(x^2+2)+(Cx+D)(x-1)(x+1)$

$x=1$ として $1=6A$　　　　$\therefore A=\dfrac{1}{6}$

$x=-1$ として $1=-6B$　　　$\therefore B=-\dfrac{1}{6}$

$x=0$ として $0=2A-2B-D$　$\therefore D=2\cdot\dfrac{1}{6}-2\left(-\dfrac{1}{6}\right)=\dfrac{1}{3}+\dfrac{1}{3}=\dfrac{2}{3}$

両辺の x^3 の係数を比較して　$A+B+C=0$　$C=0$

$$\int \frac{x^2}{x^4+x^2-2}dx = \frac{1}{6}\int \frac{dx}{x-1} - \frac{1}{6}\int \frac{dx}{x+1} + \frac{2}{3}\int \frac{dx}{x^2+2}$$

$$= \frac{1}{6}\log|x-1| - \frac{1}{6}\log|x+1| + \frac{2}{3}\int \frac{dx}{x^2+\left(\sqrt{2}\right)^2}$$

$$= \frac{1}{6}\log\left|\frac{x-1}{x+1}\right| + \frac{\sqrt{2}}{3}\mathrm{Tan}^{-1}\frac{x}{\sqrt{2}} + C$$

第2章

1　① $\dfrac{1}{6}\left(x^2+2\right)^3 + C$

② $\dfrac{2}{5}(x+4)^2\sqrt{x+4} - \dfrac{8}{3}(x+4)\sqrt{x+4} + C$

③ $\log\left|x+\dfrac{1}{2}+\sqrt{x(x+1)}\right| + C$

④ $\dfrac{1}{4}\sin^4 x + C$

⑤ $\dfrac{1}{3}\left(1+e^x\right)^3 + C$

⑥ $\dfrac{1}{2}e^{x^2} + C$

（解説）

① $t=x^2+2$ とおくと $dt=2x\,dx$, $x\,dx=\dfrac{1}{2}dt$

$$\int x\left(x^2+2\right)^2 dx = \int \left(x^2+2\right)^2 x\,dx = \int t^2\cdot\frac{1}{2}dt = \frac{1}{2}\int t^2\,dt = \frac{1}{2}\cdot\frac{1}{3}t^3 + C$$

$$= \frac{1}{6}\left(x^2+2\right)^3 + C$$

② $t=x+4$ とおくと $dt=dx$

$$\int x\sqrt{x+4}\,dx = \int (t-4)\sqrt{t}\,dt = \int (t-4)t^{\frac{1}{2}}\,dt = \int \left(t^{\frac{3}{2}} - 4t^{\frac{1}{2}}\right)dt = \frac{2}{5}t^{\frac{5}{2}} - \frac{8}{3}t^{\frac{3}{2}} + C$$

$$= \frac{2}{5}(x+4)^2\sqrt{x+4} - \frac{8}{3}(x+4)\sqrt{x+4} + C$$

③ $x(x+1)=x^2+x=\left(x+\dfrac{1}{2}\right)^2-\dfrac{1}{4}$ であるから $x+\dfrac{1}{2}=t$ とおくと $dx=dt$

$$\int\dfrac{dx}{\sqrt{x(x+1)}}=\int\dfrac{dx}{\sqrt{\left(x+\dfrac{1}{2}\right)^2-\dfrac{1}{4}}}=\int\dfrac{dt}{\sqrt{t^2-\dfrac{1}{4}}}=\log\left|t+\sqrt{t^2-\dfrac{1}{4}}\right|+C$$

$$=\log\left|x+\dfrac{1}{2}+\sqrt{x(x+1)}\right|+C$$

④ $t=\sin x$ とおくと $dt=\cos x\,dx$

$$\int\sin^3 x\cos x\,dx=\int t^3\,dt=\dfrac{1}{4}t^4+C=\dfrac{1}{4}\sin^4 x+C$$

⑤ $1+e^x=t$ とおくと $e^x dx=dt$

$$\int e^x\left(1+e^x\right)^2 dx=\int\left(1+e^x\right)^2 e^x\,dx=\int t^2\,dt=\dfrac{1}{3}t^3+C=\dfrac{1}{3}\left(1+e^x\right)^3+C$$

⑥ $x^2=t$ とおくと $2x\,dx=dt,\quad x\,dx=\dfrac{1}{2}dt$

$$\int xe^{x^2}\,dx=\int e^t\cdot\dfrac{1}{2}dt=\dfrac{1}{2}e^t+C=\dfrac{1}{2}e^{x^2}+C$$

2 ① $\dfrac{4}{\sqrt{3}}\,\mathrm{Tan}^{-1}\left(\dfrac{1}{\sqrt{3}}\tan\dfrac{x}{2}\right)+\log(2+\cos x)+C$

② $\dfrac{1}{\sqrt{2}}\log\left|\dfrac{\tan\dfrac{x}{2}+1-\sqrt{2}}{\tan\dfrac{x}{2}+1+\sqrt{2}}\right|+C$

③ $2\log\left|\tan\dfrac{x}{2}+1\right|+C$

（解説）

$\tan\dfrac{x}{2}=t$ とおくと

① $\displaystyle\int\dfrac{2-\sin x}{2+\cos x}dx=2\int\dfrac{dx}{2+\cos x}+\int\dfrac{-\sin x}{2+\cos x}dx$

$$=2\int\dfrac{1}{2+\dfrac{1-t^2}{1+t^2}}\cdot\dfrac{2}{1+t^2}dt+\int\dfrac{(2+\cos x)'}{2+\cos x}dx$$

$$= 2\int \frac{2}{t^2+3}dt + \log|2+\cos x|$$

$$= 4 \cdot \frac{1}{\sqrt{3}} \operatorname{Tan}^{-1} \frac{t}{\sqrt{3}} + \log(2+\cos x) + C$$

$$= \frac{4}{\sqrt{3}} \operatorname{Tan}^{-1}\left(\frac{1}{\sqrt{3}}\tan \frac{x}{2}\right) + \log(2+\cos x) + C$$

② $\displaystyle \int \frac{dx}{\sin x - \cos x} = \int \frac{1}{\dfrac{2t}{1+t^2} - \dfrac{1-t^2}{1+t^2}} \cdot \frac{2}{1+t^2}dt$

$$= \int \frac{2}{t^2+2t-1}dt = 2\int \frac{dt}{(t+1)^2-\left(\sqrt{2}\right)^2}$$

$$= 2\int \frac{dt}{(t+1-\sqrt{2})(t+1+\sqrt{2})} = \frac{2}{2\sqrt{2}}\int \left(\frac{1}{t+1-\sqrt{2}} - \frac{1}{t+1+\sqrt{2}}\right)dt$$

$$= \frac{1}{\sqrt{2}}\left(\log|t+1-\sqrt{2}| - \log|t+1+\sqrt{2}|\right) + C$$

$$= \frac{1}{\sqrt{2}}\log\left|\frac{t+1-\sqrt{2}}{t+1+\sqrt{2}}\right| + C = \frac{1}{\sqrt{2}}\log\left|\frac{\tan\dfrac{x}{2}+1-\sqrt{2}}{\tan\dfrac{x}{2}+1+\sqrt{2}}\right| + C$$

③ $\displaystyle \int \frac{2}{1+\sin x + \cos x}dx = \int \frac{2}{1+\dfrac{2t}{1+t^2}+\dfrac{1-t^2}{1+t^2}} \cdot \frac{2}{1+t^2}dt$

$$= \int \frac{2}{t+1}dt = 2\log|t+1| + C = 2\log\left|\tan\frac{x}{2}+1\right| + C$$

3 ① $\dfrac{1}{3}x^3 \log x - \dfrac{x^3}{9} + C$　　　　② $(x^3-3x^2+6x-6)e^x + C$

③ $x^2\sin x + 2x\cos x - 2\sin x + C$

（解説）

① $\displaystyle\int x^2 \log x\, dx = \int \left(\frac{1}{3}x^3\right)' \log x\, dx$

$\displaystyle = \frac{1}{3}x^3 \log x - \int \frac{1}{3}x^3 (\log x)'\, dx = \frac{1}{3}x^3 \log x - \frac{1}{3}\int x^2\, dx$

$\displaystyle = \frac{1}{3}x^3 \log x - \frac{x^3}{9} + C$

② $\displaystyle\int x^3 e^x\, dx = \int x^3 (e^x)'\, dx = x^3 e^x - \int (x^3)' e^x\, dx$

$\displaystyle = x^3 e^x - 3\int x^2 e^x\, dx = x^3 e^x - 3\left\{ x^2 e^x - \int (x^2)' e^x\, dx \right\}$

$\displaystyle = x^3 e^x - 3x^2 e^x + 6\int x e^x\, dx = x^3 e^x - 3x^2 e^x + 6\left(x e^x - \int e^x\, dx \right)$

$\displaystyle = (x^3 - 3x^2 + 6x - 6)e^x + C$

③ $\displaystyle\int x^2 \cos x\, dx = \int x^2 (\sin x)'\, dx$

$\displaystyle = x^2 \sin x - \int (x^2)' \sin x\, dx = x^2 \sin x - 2\int x \sin x\, dx$

$\displaystyle = x^2 \sin x - 2\left\{ -x\cos x - \int (-\cos x)\, dx \right\}$

$\displaystyle = x^2 \sin x + 2x\cos x - 2\sin x + C$

④ ① $\displaystyle\int \mathrm{Sin}^{-1}x\, dx = x\,\mathrm{Sin}^{-1}x + \sqrt{1-x^2} + C$

　② $\displaystyle\int \mathrm{Tan}^{-1}x\, dx = x\,\mathrm{Tan}^{-1}x - \frac{1}{2}\log(x^2+1) + C$

（解説）

① $\displaystyle\int \mathrm{Sin}^{-1}x\, dx = x\,\mathrm{Sin}^{-1}x - \int x \cdot (\mathrm{Sin}^{-1}x)'\, dx = x\,\mathrm{Sin}^{-1}x - \int \frac{x}{\sqrt{1-x^2}}\, dx$

　であり，2項目の積分で

$1-x^2 = t$ とおくと $-2x\,dx = dt$ より $x\,dx = -\dfrac{1}{2}dt$ だから

$$\int \frac{x}{\sqrt{1-x^2}}\,dx = \int \frac{1}{\sqrt{t}}\cdot\left(-\frac{1}{2}\right)dt = -\frac{1}{2}\int t^{-\frac{1}{2}}\,dt = -t^{\frac{1}{2}} = -\sqrt{1-x^2}$$

よって求める積分は

$$\int \mathrm{Sin}^{-1}x\,dx = x\,\mathrm{Sin}^{-1}x + \sqrt{1-x^2} + C$$

② $\displaystyle \int \mathrm{Tan}^{-1}x\,dx = x\,\mathrm{Tan}^{-1}x - \int x\left(\mathrm{Tan}^{-1}x\right)'dx = x\,\mathrm{Tan}^{-1}x - \int x\cdot\frac{1}{x^2+1}\,dx$

$$= x\,\mathrm{Tan}^{-1}x - \frac{1}{2}\int \frac{\left(x^2+1\right)'}{x^2+1}\,dx = x\,\mathrm{Tan}^{-1}x - \frac{1}{2}\log\left(x^2+1\right) + C$$

⑤　①　$-\sqrt{1-x^2}\,\mathrm{Sin}^{-1}x + x + C$　　②　$\dfrac{1}{2}\left(x^2+1\right)\mathrm{Tan}^{-1}x - \dfrac{1}{2}x + C$

（解説）

① $\displaystyle \int \frac{x\,\mathrm{Sin}^{-1}x}{\sqrt{1-x^2}}\,dx = \int \left(-\sqrt{1-x^2}\right)'\mathrm{Sin}^{-1}x\,dx$

$$= -\sqrt{1-x^2}\,\mathrm{Sin}^{-1}x + \int \sqrt{1-x^2}\cdot\left(\mathrm{Sin}^{-1}x\right)'dx$$

$$= -\sqrt{1-x^2}\,\mathrm{Sin}^{-1}x + \int \sqrt{1-x^2}\,\frac{1}{\sqrt{1-x^2}}\,dx$$

$$= -\sqrt{1-x^2}\,\mathrm{Sin}^{-1}x + \int dx = -\sqrt{1-x^2}\,\mathrm{Sin}^{-1}x + x + C$$

② $\displaystyle \int x\,\mathrm{Tan}^{-1}x\,dx = \int \left(\frac{1}{2}x^2\right)'\mathrm{Tan}^{-1}x\,dx$

$$= \frac{1}{2}x^2\,\mathrm{Tan}^{-1}x - \int \frac{1}{2}x^2\left(\mathrm{Tan}^{-1}x\right)'dx$$

$$= \frac{1}{2}x^2\,\mathrm{Tan}^{-1}x - \frac{1}{2}\int \frac{x^2}{1+x^2}\,dx$$

$$= \frac{1}{2}x^2\,\mathrm{Tan}^{-1}x - \frac{1}{2}\int \frac{\left(1+x^2\right)-1}{1+x^2}\,dx$$

$$= \frac{1}{2}x^2 \mathrm{Tan}^{-1}x - \frac{1}{2}\int\left(1 - \frac{1}{1+x^2}\right)dx$$

$$= \frac{1}{2}x^2 \mathrm{Tan}^{-1}x - \frac{1}{2}\left(x - \mathrm{Tan}^{-1}x\right) + C$$

$$= \frac{1}{2}\left(x^2 + 1\right)\mathrm{Tan}^{-1}x - \frac{1}{2}x + C$$

6 1 ① $I = \dfrac{e^{2x}}{13}\left(2\sin 3x - 3\cos 3x\right) + C$

② $I = I_1 = \dfrac{e^{2x}}{13}\left(2\sin 3x - 3\cos 3x\right) + C$

（解説）

① $I = \displaystyle\int e^{2x}\sin 3x\, dx = \frac{1}{2}e^{2x}\sin 3x - \int \frac{1}{2}e^{2x}\left(3\cos 3x\right)dx$

$$= \frac{1}{2}e^{2x}\sin 3x - \frac{3}{2}\int e^{2x}\cos 3x\, dx \quad \cdots \ (\text{☆})$$

ここで 2 項目の積分に部分積分法を用いると

$$\int e^{2x}\cos 3x\, dx = \frac{1}{2}e^{2x}\cos 3x - \int \frac{1}{2}e^{2x}\left(-3\sin 3x\right)dx = \frac{1}{2}e^{2x}\cos 3x + \frac{3}{2}I$$

これを式 (☆) に代入して整理すると

$$\left(1 + \frac{9}{4}\right)I = \frac{1}{2}e^{2x}\sin 3x - \frac{3}{4}e^{2x}\cos 3x + C$$

$$\therefore I = \frac{e^{2x}}{13}\left(2\sin 3x - 3\cos 3x\right) + C$$

② $I_1 = \displaystyle\int e^{2x}\sin 3x\, dx, \quad I_2 = \int e^{2x}\cos 3x\, dx$ とおく

$$I_1 = \int e^{2x}\sin 3x\, dx = \frac{1}{2}e^{2x}\sin 3x - \int \frac{1}{2}e^{2x}\left(3\cos 3x\right)dx$$

$$= \frac{1}{2}e^{2x}\sin 3x - \frac{3}{2}I_2 \quad \cdots \ (\text{i})$$

$$I_2 = \int e^{2x}\cos 3x\, dx = \frac{1}{2}e^{2x}\cos 3x - \int \frac{1}{2}e^{2x}\left(-3\sin 3x\right)dx$$

$$= \frac{1}{2}e^{2x}\cos 3x + \frac{3}{2}I_1 \quad \cdots \text{(ii)}$$

式 (i)(ii) より，I_1, I_2 に関する連立方程式をつくると

$$I_1 + \frac{3}{2}I_2 = \frac{1}{2}e^{2x}\sin 3x$$

$$-\frac{3}{2}I_1 + I_2 = \frac{1}{2}e^{2x}\cos 3x$$

これから I_1 を求めると

$$I_1 = \frac{e^{2x}}{13}\left(2\sin 3x - 3\cos 3x\right) + C$$

[2] $\dfrac{e^{2x}}{13}\left(3\sin 3x + 2\cos 3x\right) + C$

[7] ① $I_n = \dfrac{1}{n}\sin x \cos^{n-1} x + \dfrac{n-1}{n}I_{n-2}$

② $I_0 = x + C, \quad I_1 = \sin x + C, \quad I_2 = \dfrac{1}{2}\sin x \cos x + \dfrac{1}{2}x + C$

$I_3 = \dfrac{1}{3}\sin x \cos^2 x + \dfrac{2}{3}\sin x + C$

$I_4 = \dfrac{1}{4}\sin x \cos^3 x + \dfrac{3}{8}\sin x \cos x + \dfrac{3}{8}x + C$

③ $I_n = \dfrac{n+2}{n+1}I_{n+2} - \dfrac{1}{n+1}\sin x \cos^{n+1} x$

④ $I_{-2} = \tan x + C$

$I_{-4} = \dfrac{2}{3}\tan x + \dfrac{\sin x}{3\cos^3 x} + C$

（解説）

① $I_n = \displaystyle\int \cos^{n-1} x \cos x \, dx = \int \cos^{n-1} x \left(\sin x\right)' dx$

$= \cos^{n-1} x \sin x - (n-1)\displaystyle\int \cos^{n-2} x (-\sin x)\sin x \, dx$

$$= \sin x \cos^{n-1} x + (n-1) I_{n-2} - (n-1) I_n$$

$$\therefore I_n = \frac{1}{n} \sin x \cos^{n-1} x + \frac{n-1}{n} I_{n-2}$$

② $I_0 = \displaystyle\int \cos^0 x \, dx = \int dx = x + C$

$I_1 = \displaystyle\int \cos^1 x \, dx = \int \cos x \, dx = \sin x + C$

$I_2 = \displaystyle\int \cos^2 x \, dx = \frac{1}{2} \sin x \cos x + \frac{1}{2} I_0 = \frac{1}{2} \sin x \cos x + \frac{1}{2} x + C$

$I_3 = \displaystyle\int \cos^3 x \, dx = \frac{1}{3} \sin x \cos^2 x + \frac{2}{3} I_1 = \frac{1}{3} \sin x \cos^2 x + \frac{2}{3} \sin x + C$

$I_4 = \displaystyle\int \cos^4 x \, dx = \frac{1}{4} \sin x \cos^3 x + \frac{3}{4} I_2$

$\qquad = \frac{1}{4} \sin x \cos^3 x + \frac{3}{4} \left(\frac{1}{2} \sin x \cos x + \frac{1}{2} x \right) + C$

$\qquad = \frac{1}{4} \sin x \cos^3 x + \frac{3}{8} \sin x \cos x + \frac{3}{8} x + C$

③ $I_n = \frac{1}{n} \sin x \cos^{n-1} x + \frac{n-1}{n} I_{n-2}$ より

$\frac{n-1}{n} I_{n-2} = I_n - \frac{1}{n} \sin x \cos^{n-1} x$

$I_{n-2} = \frac{n}{n-1} I_n - \frac{1}{n-1} \sin x \cos^{n-1} x$

$n \to n+2$ として

$I_n = \frac{n+2}{n+1} I_{n+2} - \frac{1}{n+1} \sin x \cos^{n+1} x$

④ $I_{-2} = \displaystyle\int \frac{dx}{\cos^2 x} = \tan x + C$

$I_{-4} = \frac{-4+2}{-4+1} I_{-2} - \frac{1}{-4+1} \sin x \cos^{-3} x$

$\qquad = \frac{2}{3} I_{-2} + \frac{1}{3} \frac{\sin x}{\cos^3 x}$

$\qquad = \frac{2}{3} \tan x + \frac{\sin x}{3 \cos^3 x} + C$

$\boxed{8}\boxed{1}$ ① $I(1,0) = -\cos x$ ② $I(3,0) = -\dfrac{1}{3}\sin^2 x \cos x - \dfrac{2}{3}\cos x$

③ $I(3,2) = \dfrac{1}{5}\sin^4 x \cos x - \dfrac{1}{15}\sin^2 x \cos x - \dfrac{2}{15}\cos x + C$

（解説）

① $I(1,0) = \displaystyle\int \sin x \, dx = -\cos x$

② $I(3,0) = -\dfrac{1}{3}\sin^2 x \cos x + \dfrac{2}{3}I(1,0) = -\dfrac{1}{3}\sin^2 x \cos x - \dfrac{2}{3}\cos x$

③ $I(3,2) = \dfrac{1}{5}\sin^4 x \cos x + \dfrac{1}{5}I(3,0)$

   $= \dfrac{1}{5}\sin^4 x \cos x - \dfrac{1}{15}\sin^2 x \cos x - \dfrac{2}{15}\cos x + C$

$\boxed{2}$ ① $I(0,1) = \sin x$ ② $I(2,1) = -\dfrac{1}{3}\sin x \cos^2 x + \dfrac{1}{3}\sin x$

③ $I(2,3) = \dfrac{1}{5}\sin^3 x \cos^2 x - \dfrac{2}{15}\sin x \cos^2 x + \dfrac{2}{15}\sin x + C$

（解説）

① $I(0,1) = \displaystyle\int \cos x \, dx = \sin x$

② $I(2,1) = -\dfrac{1}{3}\sin x \cos^2 x + \dfrac{1}{3}I(0,1) = -\dfrac{1}{3}\sin x \cos^2 x + \dfrac{1}{3}\sin x$

③ $I(2,3) = \dfrac{1}{5}\sin^3 x \cos^2 x + \dfrac{2}{5}I(2,1)$

   $= \dfrac{1}{5}\sin^3 x \cos^2 x - \dfrac{2}{15}\sin x \cos^2 x + \dfrac{2}{15}\sin x + C$

$\boxed{9}$ ① $\dfrac{\sin^3 x}{\cos x} + \dfrac{3}{4}\sin 2x - \dfrac{3}{2}x + C$　または　$\tan x - \dfrac{3}{2}x + \dfrac{\sin 2x}{4} + C$

（解説）

① $I(4,-2) = -\dfrac{\sin^5 x (\cos x)^{-1}}{-2+1} + \dfrac{4-2+2}{-2+1} I(4,0) = \dfrac{\sin^5 x}{\cos x} - 4I(4,0)$

$\quad I(4,0) = -\dfrac{\sin^3 x \cos x}{4} + \dfrac{3}{4} I(2,0)$

$\quad I(2,0) = -\dfrac{\sin x \cos x}{2} + \dfrac{1}{2} I(0,0) = -\dfrac{\sin 2x}{4} + \dfrac{1}{2} x$

より

$\quad I(4,0) = -\dfrac{\sin^3 x \cos x}{4} + \dfrac{3}{4}\left(-\dfrac{1}{4}\sin 2x + \dfrac{1}{2} x \right)$

$\therefore I(4,-2) = \dfrac{\sin^5 x}{\cos x} - 4\left\{ -\dfrac{\sin^3 x \cos x}{4} + \dfrac{3}{4}\left(-\dfrac{1}{4}\sin 2x + \dfrac{1}{2} x \right) \right\} + C$

$\qquad = \dfrac{\sin^5 x}{\cos x} + \sin^3 x \cos x + \dfrac{3}{4}\sin 2x - \dfrac{3}{2} x + C$

$\qquad = \dfrac{\sin^3 x (1-\cos^2 x)}{\cos x} + \sin^3 x \cos x + \dfrac{3}{4}\sin 2x - \dfrac{3}{2} x + C$

$\qquad = \dfrac{\sin^3 x}{\cos x} + \dfrac{3}{4}\sin 2x - \dfrac{3}{2} x + C$

または

$\displaystyle \int \dfrac{\sin^4 x}{\cos^2 x}\, dx = \int \dfrac{\left(\sin^2 x\right)^2}{\cos^2 x}\, dx = \int \dfrac{\left(1-\cos^2 x\right)^2}{\cos^2 x}\, dx$

$\qquad = \displaystyle\int \dfrac{1 - 2\cos^2 x + \cos^4 x}{\cos^2 x}\, dx = \int \left(\dfrac{1}{\cos^2 x} - 2 + \cos^2 x \right) dx$

$\qquad = \tan x - 2x + \displaystyle\int \dfrac{1+\cos 2x}{2}\, dx = \tan x - 2x + \dfrac{1}{2} x + \dfrac{1}{4}\sin 2x + C$

$\qquad = \tan x - \dfrac{3}{2} x + \dfrac{\sin 2x}{4} + C$

第3章

1 1 ア $3x^3-3x^2+2x$　　イ $81-27+6$　　ウ $3-3+2$　　エ 58　　オ e^x

カ e^1 または e　　キ e^0 または 1　　ク $e-1$　　ケ $\dfrac{5^x}{\log 5}$　　コ $\dfrac{125}{\log 5}$

サ $\dfrac{25}{\log 5}$　　シ $\dfrac{100}{\log 5}$　　ス $\log|5x-7|$　　セ $\log 8$　　ソ $\log 3$

タ $\dfrac{2}{5}\log\dfrac{8}{3}$　　チ $\sin(3x-5)$　　ツ $\sin(-2)$　　テ $\sin(-5)$

2 ① 5　　② $-6\log 3+8$　　③ $\dfrac{1}{2}-\dfrac{\sqrt{3}}{2}$　　④ $\dfrac{1}{2}e^2-\dfrac{1}{2e^2}+2$

⑤ $2\log 3$

（解説）

① $\displaystyle\int_1^2\left(3x^2-2x+1\right)dx=\left[x^3-x^2+x\right]_1^2=(8-4+2)-(1-1+1)=6-1=5$

② $\displaystyle\int_1^3\left(1-\dfrac{3}{x}\right)^2dx=\int_1^3\left(1-\dfrac{6}{x}+\dfrac{9}{x^2}\right)dx=\left[x-6\log|x|-\dfrac{9}{x}\right]_1^3$

$$=(3-6\log 3-3)-(1-6\log 1-9)=-6\log 3+8$$

③ $\displaystyle\int_{\frac{\pi}{6}}^{\frac{\pi}{3}}\left(2\cos x-3\sin x\right)dx=\left[2\sin x+3\cos x\right]_{\frac{\pi}{6}}^{\frac{\pi}{3}}$

$$=2\left(\sin\dfrac{\pi}{3}-\sin\dfrac{\pi}{6}\right)+3\left(\cos\dfrac{\pi}{3}-\cos\dfrac{\pi}{6}\right)$$

$$=2\left(\dfrac{\sqrt{3}}{2}-\dfrac{1}{2}\right)+3\left(\dfrac{1}{2}-\dfrac{\sqrt{3}}{2}\right)$$

$$=\sqrt{3}-1+\dfrac{3}{2}-\dfrac{3}{2}\sqrt{3}=\dfrac{1}{2}-\dfrac{\sqrt{3}}{2}$$

④ $\displaystyle\int_0^1\left(e^x+e^{-x}\right)^2dx=\int_0^1\left(e^{2x}+2+e^{-2x}\right)dx=\left[\dfrac{1}{2}e^{2x}+2x-\dfrac{1}{2}e^{-2x}\right]_0^1$

$$= \frac{1}{2}\Big[e^{2x}\Big]_0^1 + 2\Big[x\Big]_0^1 - \frac{1}{2}\Big[e^{-2x}\Big]_0^1 = \frac{1}{2}(e^2-1)+2\cdot1-\frac{1}{2}(e^{-2}-1)$$

$$= \frac{1}{2}e^2 - \frac{1}{2}+2-\frac{1}{2e^2}+\frac{1}{2} = \frac{1}{2}e^2 - \frac{1}{2e^2}+2$$

⑤ $\displaystyle\int_2^3 \frac{4}{2x-3}dx = 4\cdot\frac{1}{2}\Big[\log|2x-3|\Big]_2^3 = 2(\log3-\log1) = 2\log3$

③ ① 4　　　　② $-\dfrac{8}{5}$　　　　③ $e^{\frac{\pi}{2}}$　　　　④ $\dfrac{2}{3}$

⑤ $\dfrac{1}{2}e^2+2e-\dfrac{3}{2}$　　⑥ $e-\dfrac{1}{e}-2$　　⑦ $\dfrac{14}{3}-2\log2$　　⑧ 4

⑨ $\dfrac{3}{2}-\dfrac{\sqrt3}{4}$　　⑩ $\dfrac{1}{8}$　　⑪ $\log2$　　⑫ $\sqrt3-\dfrac{\pi}{3}$

（解説）

① $\displaystyle\int_0^2 3x^2(x-1)dx = \int_0^2(3x^3-3x^2)dx = \frac{3}{4}\Big[x^4\Big]_0^2 - \Big[x^3\Big]_0^2$

$$= \frac{3}{4}\cdot16-8 = 12-8 = 4$$

② $\displaystyle\int_1^4 \frac{x^2-3x}{\sqrt x}dx = \int_1^4 x^{-\frac{1}{2}}(x^2-3x)dx = \int_1^4 \Big(x^{\frac{3}{2}}-3x^{\frac{1}{2}}\Big)dx$

$$= \Big[\frac{2}{5}x^{\frac{5}{2}}-2x^{\frac{3}{2}}\Big]_1^4 = \frac{2}{5}\Big(4^{\frac{5}{2}}-1\Big)-2\Big(4^{\frac{3}{2}}-1\Big)$$

$$= \frac{2}{5}(32-1)-2(8-1) = \frac{2}{5}\cdot31-2\cdot7$$

$$= \frac{62}{5}-14 = -\frac{8}{5}$$

③ $\displaystyle\int_0^{\frac{\pi}{2}}(e^x+\cos x)dx = \Big[e^x+\sin x\Big]_0^{\frac{\pi}{2}} = \Big(e^{\frac{\pi}{2}}+\sin\frac{\pi}{2}\Big)-(e^0+\sin0)$

$$= e^{\frac{\pi}{2}} + 1 - 1 = e^{\frac{\pi}{2}}$$

④　$\displaystyle\int_{-1}^{1}\left(5x^4 - 3x^3 + x^2 - 1\right)dx = \left[x^5 - \frac{3}{4}x^4 + \frac{1}{3}x^3 - x\right]_{-1}^{1}$

$$= \left(1 - \frac{3}{4} + \frac{1}{3} - 1\right) - \left(-1 - \frac{3}{4} - \frac{1}{3} + 1\right) = \frac{2}{3}$$

または $\displaystyle\int_{-1}^{1}\left(5x^4 - 3x^3 + x^2 - 1\right)dx = 2\int_{0}^{1}\left(5x^4 + x^2 - 1\right)dx = 2\left[x^5 + \frac{1}{3}x^3 - x\right]_{0}^{1}$

$$= 2\left(1 + \frac{1}{3} - 1\right) = 2 \cdot \frac{1}{3} = \frac{2}{3}$$

⑤　$\displaystyle\int_{0}^{1}\left(e^x + 1\right)^2 dx = \int_{0}^{1}\left(e^{2x} + 2e^x + 1\right)dx = \left[\frac{1}{2}e^{2x} + 2e^x + x\right]_{0}^{1}$

$$= \left(\frac{1}{2}e^2 + 2e^1 + 1\right) - \left(\frac{1}{2}e^0 + 2e^0 + 0\right) = \frac{1}{2}e^2 + 2e + 1 - \frac{1}{2} - 2$$

$$= \frac{1}{2}e^2 + 2e - \frac{3}{2}$$

⑥　$\displaystyle\int_{-\frac{1}{2}}^{\frac{1}{2}}\left(e^x - e^{-x}\right)^2 dx = \int_{-\frac{1}{2}}^{\frac{1}{2}}\left(e^{2x} - 2 + e^{-2x}\right)dx$

$$= \left[\frac{1}{2}e^{2x} - 2x - \frac{1}{2}e^{-2x}\right]_{-\frac{1}{2}}^{\frac{1}{2}} = \frac{1}{2}\left[e^{2x}\right]_{-\frac{1}{2}}^{\frac{1}{2}} - 2\left[x\right]_{-\frac{1}{2}}^{\frac{1}{2}} - \frac{1}{2}\left[e^{-2x}\right]_{-\frac{1}{2}}^{\frac{1}{2}}$$

$$= \frac{1}{2}\left(e - e^{-1}\right) - 2\left\{\frac{1}{2} - \left(-\frac{1}{2}\right)\right\} - \frac{1}{2}\left(e^{-1} - e\right)$$

$$= \frac{1}{2}e - \frac{1}{2e} - 2 - \frac{1}{2e} + \frac{1}{2}e = e - 2 - \frac{1}{e} = e - \frac{1}{e} - 2$$

⑦　$\displaystyle\int_{1}^{4}\left(\sqrt{x} - \frac{1}{x}\right)dx = \int_{1}^{4}\left(x^{\frac{1}{2}} - \frac{1}{x}\right)dx = \left[\frac{2}{3}x^{\frac{3}{2}} - \log|x|\right]_{1}^{4}$

$$= \frac{2}{3}\left(4^{\frac{3}{2}} - 1\right) - \left(\log 4 - \log 1\right) = \frac{2}{3} \cdot 7 - 2\log 2 = \frac{14}{3} - 2\log 2$$

⑧　$\displaystyle\int_{\frac{1}{3}}^{3}\sqrt[3]{3x-1}\,dx = \int_{\frac{1}{3}}^{3}(3x-1)^{\frac{1}{3}}dx = \frac{1}{3} \cdot \frac{3}{4}\left[(3x-1)^{\frac{4}{3}}\right]_{\frac{1}{3}}^{3}$

$$= \frac{1}{4}\left(8^{\frac{4}{3}} - 0\right) = \frac{1}{4} \cdot 16 = 4$$

⑨ $\displaystyle\int_0^{\frac{\pi}{3}}(3\sin x-\cos 2x)\,dx=\left[-3\cos x-\frac{1}{2}\sin 2x\right]_0^{\frac{\pi}{3}}$

$\displaystyle =\left(-3\cos\frac{\pi}{3}-\frac{1}{2}\sin\frac{2\pi}{3}\right)-\left(-3\cos 0-\frac{1}{2}\sin 0\right)$

$\displaystyle =-3\cdot\frac{1}{2}-\frac{1}{2}\cdot\frac{\sqrt{3}}{2}+3=\frac{3}{2}-\frac{\sqrt{3}}{4}$

⑩ $\displaystyle\int_{-1}^{1}\frac{dx}{(3x+5)^2}=\int_{-1}^{1}(3x+5)^{-2}\,dx=-\frac{1}{3}\left[(3x+5)^{-1}\right]_{-1}^{1}$

$\displaystyle =-\frac{1}{3}\left(8^{-1}-2^{-1}\right)=-\frac{1}{3}\left(\frac{1}{8}-\frac{1}{2}\right)=-\frac{1}{3}\left(-\frac{3}{8}\right)=\frac{1}{8}$

⑪ $\displaystyle\int_0^{\frac{\pi}{3}}\tan x\,dx=\int_0^{\frac{\pi}{3}}\frac{\sin x}{\cos x}\,dx=\int_0^{\frac{\pi}{3}}\frac{-(\cos x)'}{\cos x}\,dx$

$\displaystyle =-\left[\log|\cos x|\right]_0^{\frac{\pi}{3}}=-\left(\log\left|\cos\frac{\pi}{3}\right|-\log|\cos 0|\right)$

$\displaystyle =-\left(\log\frac{1}{2}-\log 1\right)=-(\log 1-\log 2-\log 1)=\log 2$

⑫ $\displaystyle\int_0^{\frac{\pi}{3}}\tan^2 x\,dx=\int_0^{\frac{\pi}{3}}\frac{\sin^2 x}{\cos^2 x}\,dx=\int_0^{\frac{\pi}{3}}\frac{1-\cos^2 x}{\cos^2 x}\,dx$

$\displaystyle =\int_0^{\frac{\pi}{3}}\left(\frac{1}{\cos^2 x}-1\right)dx=\left[\tan x-x\right]_0^{\frac{\pi}{3}}=\tan\frac{\pi}{3}-\frac{\pi}{3}=\sqrt{3}-\frac{\pi}{3}$

2 ① $\dfrac{\pi}{6}$ ② $\dfrac{\pi}{2}$ ③ $\dfrac{3}{8}\pi$

④ $\dfrac{\sqrt{3}}{18}\pi$ ⑤ $5\log\dfrac{1+\sqrt{5}}{2}$ ⑥ $\log\dfrac{4+\sqrt{13}}{3+\sqrt{6}}$

（解説）

① $\displaystyle\int_0^3\frac{dx}{\sqrt{36-x^2}}=\int_0^3\frac{dx}{\sqrt{6^2-x^2}}=\left[\mathrm{Sin}^{-1}\frac{x}{6}\right]_0^3=\mathrm{Sin}^{-1}\frac{1}{2}-\mathrm{Sin}^{-1}0=\frac{\pi}{6}$

② $\displaystyle\int_{-1}^{1}\frac{dx}{\sqrt{2-x^2}}=\int_{-1}^{1}\frac{dx}{\sqrt{\left(\sqrt{2}\right)^2-x^2}}=\left[\mathrm{Sin}^{-1}\frac{x}{\sqrt{2}}\right]_{-1}^{1}=\mathrm{Sin}^{-1}\frac{1}{\sqrt{2}}-\mathrm{Sin}^{-1}\left(-\frac{1}{\sqrt{2}}\right)$

$$=\frac{\pi}{4}-\left(-\frac{\pi}{4}\right)=\frac{\pi}{2}$$

③ $\displaystyle\int_{0}^{2}\frac{3}{x^2+4}dx=3\int_{0}^{2}\frac{dx}{x^2+2^2}=3\left[\frac{1}{2}\mathrm{Tan}^{-1}\frac{x}{2}\right]_{0}^{2}$

$$=\frac{3}{2}\left(\mathrm{Tan}^{-1}1-\mathrm{Tan}^{-1}0\right)=\frac{3}{2}\cdot\frac{\pi}{4}=\frac{3}{8}\pi$$

④ $\displaystyle\int_{\frac{1}{3}}^{1}\frac{dx}{3x^2+1}=\int_{\frac{1}{3}}^{1}\frac{1}{3}\cdot\frac{dx}{x^2+\left(\frac{1}{\sqrt{3}}\right)^2}=\frac{1}{3}\int_{\frac{1}{3}}^{1}\frac{dx}{x^2+\left(\frac{1}{\sqrt{3}}\right)^2}$

$$=\frac{1}{3}\left[\frac{1}{\frac{1}{\sqrt{3}}}\mathrm{Tan}^{-1}\frac{x}{\frac{1}{\sqrt{3}}}\right]_{\frac{1}{3}}^{1}=\frac{1}{3}\cdot\sqrt{3}\left[\mathrm{Tan}^{-1}\sqrt{3}x\right]_{\frac{1}{3}}^{1}$$

$$=\frac{\sqrt{3}}{3}\left(\mathrm{Tan}^{-1}\sqrt{3}-\mathrm{Tan}^{-1}\frac{\sqrt{3}}{3}\right)=\frac{\sqrt{3}}{3}\left(\frac{\pi}{3}-\frac{\pi}{6}\right)=\frac{\sqrt{3}}{3}\cdot\frac{\pi}{6}=\frac{\sqrt{3}}{18}\pi$$

⑤ $\displaystyle\int_{0}^{1}\frac{5}{\sqrt{x^2+4}}dx=5\int_{0}^{1}\frac{dx}{\sqrt{x^2+4}}=5\left[\log\left|x+\sqrt{x^2+4}\right|\right]_{0}^{1}$

$$=5\left\{\log\left(1+\sqrt{5}\right)-\log 2\right\}=5\log\frac{1+\sqrt{5}}{2}$$

⑥ $\displaystyle\int_{3}^{4}\frac{dx}{\sqrt{x^2-3}}=\left[\log\left|x+\sqrt{x^2-3}\right|\right]_{3}^{4}=\log\left(4+\sqrt{13}\right)-\log\left(3+\sqrt{6}\right)$

$$=\log\frac{4+\sqrt{13}}{3+\sqrt{6}}$$

3　① $\dfrac{15}{8}$　　② $\dfrac{4}{3}$　　③ $\dfrac{1}{3}$　　④ $-\dfrac{5}{6\sqrt{2}}+\dfrac{2}{3}$

（解説）

① $x^2+1=t$ とおく。$2x\,dx=dt,\quad x\,dx=\dfrac{1}{2}dt$

$x=0$ のとき $t=1$
$x=1$ のとき $t=2$

$$\int_0^1 x\left(x^2+1\right)^3 dx=\int_1^2 t^3\left(\frac{1}{2}dt\right)=\frac{1}{2}\int_1^2 t^3\,dt=\frac{1}{2}\cdot\frac{1}{4}\Big[t^4\Big]_1^2$$

$$=\frac{1}{8}\left(2^4-1\right)=\frac{15}{8}$$

② $x^3+1=t$ とおく。$3x^2dx=dt,\quad x^2dx=\dfrac{1}{3}dt$

$x=0$ のとき $t=1$
$x=2$ のとき $t=9$

$$\int_0^2 \frac{x^2}{\sqrt{x^3+1}}dx=\int_1^9 \frac{1}{\sqrt{t}}\cdot\frac{1}{3}dt=\frac{1}{3}\int_1^9 \frac{dt}{\sqrt{t}}=\frac{1}{3}\int_1^9 t^{-\frac{1}{2}}dt=\frac{1}{3}\cdot 2\Big[t^{\frac{1}{2}}\Big]_1^9$$

$$=\frac{2}{3}\Big[9^{\frac{1}{2}}-1\Big]=\frac{2}{3}\left(3-1\right)=\frac{4}{3}$$

③ $\sin x=t$ とおく。$\cos x\,dx=dt$

$x=0$ のとき $t=0$

$x=\dfrac{\pi}{2}$ のとき $t=1$

$$\int_0^{\frac{\pi}{2}} \sin^2 x\cos x\,dx=\int_0^1 t^2\,dt=\Big[\frac{1}{3}t^3\Big]_0^1=\frac{1}{3}$$

④ $\cos x=t$ とおく。$-\sin x\,dx=dt,\quad \sin x\,dx=-dt$

$x=0$ のとき $t=1$

$x=\dfrac{\pi}{4}$ のとき $t=\dfrac{1}{\sqrt{2}}$

$$\int_0^{\frac{\pi}{4}} \sin^3 x\,dx=\int_0^{\frac{\pi}{4}} \sin^2 x\cdot\sin x\,dx=\int_0^{\frac{\pi}{4}}\left(1-\cos^2 x\right)\sin x\,dx$$

$$=\int_1^{\frac{1}{\sqrt{2}}}\left(1-t^2\right)(-dt)=\int_1^{\frac{1}{\sqrt{2}}}\left(t^2-1\right)dt=\Big[\frac{1}{3}t^3-t\Big]_1^{\frac{1}{\sqrt{2}}}$$

$$=\left\{\frac{1}{3}\left(\frac{1}{\sqrt{2}}\right)^3-\frac{1}{\sqrt{2}}\right\}-\left(\frac{1}{3}-1\right)=\left(\frac{1}{6\sqrt{2}}-\frac{1}{\sqrt{2}}\right)-\left(-\frac{2}{3}\right)=-\frac{5}{6\sqrt{2}}+\frac{2}{3}$$

4 ① $\dfrac{e-1}{2(e+1)}$　　② $\dfrac{1}{2}\log\dfrac{e^2+1}{2}$　　③ $\dfrac{1}{3}$

（解説）

① $e^x=t$ とおくと $e^x dx=dt$

$x=0$ のとき $t=1$

$x=1$ のとき $t=e$

$$\int_0^1 \frac{e^x}{(e^x+1)^2}dx=\int_1^e \frac{dt}{(t+1)^2}=\left[-\frac{1}{t+1}\right]_1^e=\left(-\frac{1}{e+1}\right)-\left(-\frac{1}{2}\right)$$

$$=-\frac{1}{e+1}+\frac{1}{2}=-\frac{2-(e+1)}{2(e+1)}=\frac{e-1}{2(e+1)}$$

※ $e^x+1=t$ とおいてもよい。この場合は

$$\int_0^1 \frac{e^x}{(e^x+1)^2}dx=\int_2^{e+1}\frac{dt}{t^2}=\left[-\frac{1}{t}\right]_2^{e+1}=-\frac{1}{e+1}+\frac{1}{2}$$

となる。

② $e^x=t$ とおくと $e^x dx=dt$

$x=0$ のとき $t=1$

$x=1$ のとき $t=e$

$$\int_0^1 \frac{e^x}{e^x+e^{-x}}dx=\int_1^e \frac{dt}{t+t^{-1}}=\int_1^e \frac{t}{t^2+1}dt=\int_1^e \frac{1}{2}\cdot\frac{(t^2+1)'}{t^2+1}dt$$

$$=\frac{1}{2}\left[\log(t^2+1)\right]_1^e=\frac{1}{2}\{\log(e^2+1)-\log 2\}=\frac{1}{2}\log\frac{e^2+1}{2}$$

③ $\log x=t$ とおくと $\dfrac{1}{x}dx=dt$

$x=1$ のとき $t=0$

$x=e$ のとき $t=1$

$$\int_1^e \frac{(\log x)^2}{x}dx=\int_0^1 t^2 dt=\left[\frac{1}{3}t^3\right]_0^1=\frac{1}{3}$$

$\boxed{5}$ ① $\dfrac{5}{9}e^6 - \dfrac{2}{9}e^3$ ② $-\dfrac{64}{21}$ ③ $e-2$ ④ $\pi-2$

（解説）

① $\displaystyle\int_1^2 xe^{3x}\,dx = \left[\dfrac{1}{3}xe^{3x}\right]_1^2 - \int_1^2 \dfrac{1}{3}e^{3x}\,dx$

$\qquad = \dfrac{1}{3}\left(2e^6 - e^3\right) - \dfrac{1}{9}\left[e^{3x}\right]_1^2 = \dfrac{2}{3}e^6 - \dfrac{1}{3}e^3 - \dfrac{1}{9}\left(e^6 - e^3\right) = \dfrac{5}{9}e^6 - \dfrac{2}{9}e^3$

② $\displaystyle\int_0^2 x(x-2)^5\,dx = \left[\dfrac{1}{6}x(x-2)^6\right]_0^2 - \int_0^2 \dfrac{1}{6}(x-2)^6\,dx$

$\qquad = -\dfrac{1}{6}\left[\dfrac{1}{7}(x-2)^7\right]_0^2 = -\dfrac{1}{6}\left\{-\dfrac{1}{7}(-2^7)\right\} = -\dfrac{64}{21}$

③ $\displaystyle\int_1^e (\log x)^2\,dx = \left[x(\log x)^2\right]_1^e - \int_1^e x \cdot 2\log x \cdot \dfrac{1}{x}\,dx$

$\qquad = e(\log e)^2 - 2\displaystyle\int_1^e \log x\,dx = e - 2\left(\left[x\log x\right]_1^e - \int_1^e x \cdot \dfrac{1}{x}\,dx\right)$

$\qquad = e - 2\left(e - \displaystyle\int_1^e dx\right) = -e + 2\int_1^e dx = -e + 2\left[x\right]_1^e$

$\qquad = -e + 2(e-1) = e-2$

④ $\displaystyle\int_0^{\frac{\pi}{2}} x^2\sin x\,dx = \left[-x^2\cos x\right]_0^{\frac{\pi}{2}} - \int_0^{\frac{\pi}{2}}(-2x)\cos x\,dx$

$\qquad = 2\displaystyle\int_0^{\frac{\pi}{2}} x\cos x\,dx = 2\left(\left[x\sin x\right]_0^{\frac{\pi}{2}} - \int_0^{\frac{\pi}{2}}\sin x\,dx\right)$

$\qquad = 2\left(\dfrac{\pi}{2} + \left[\cos x\right]_0^{\frac{\pi}{2}}\right) = \pi + 2(-\cos 0) = \pi - 2$

$\boxed{6}$ ① $\dfrac{\pi}{4} - \dfrac{1}{2}$ ② $-\dfrac{\sqrt{3}}{12}\pi + \dfrac{1}{2}$ ③ $\dfrac{\pi}{8} + \dfrac{1}{4}$

（解説）

① $\displaystyle\int_0^1 x\,\mathrm{Tan}^{-1}x\,dx = \left[\dfrac{1}{2}x^2\,\mathrm{Tan}^{-1}x\right]_0^1 - \dfrac{1}{2}\int_0^1 \dfrac{x^2}{x^2+1}\,dx$

$$= \frac{1}{2}\mathrm{Tan}^{-1}1 - \frac{1}{2}\int_0^1 \frac{(x^2+1)-1}{x^2+1}dx = \frac{1}{2}\cdot\frac{\pi}{4} - \frac{1}{2}\int_0^1\left(1 - \frac{1}{x^2+1}\right)dx$$

$$= \frac{\pi}{8} - \frac{1}{2}\Big[x - \mathrm{Tan}^{-1}x\Big]_0^1 = \frac{\pi}{8} - \frac{1}{2}\left(1 - \mathrm{Tan}^{-1}1\right) = \frac{\pi}{8} - \frac{1}{2} + \frac{\pi}{8} = \frac{\pi}{4} - \frac{1}{2}$$

② $\displaystyle\int_0^{\frac{1}{2}} \frac{x\,\mathrm{Sin}^{-1}x}{\sqrt{1-x^2}}dx = \int_0^{\frac{1}{2}}\left(-\sqrt{1-x^2}\right)' \mathrm{Sin}^{-1}x\,dx$

$$= \Big[-\sqrt{1-x^2}\,\mathrm{Sin}^{-1}x\Big]_0^{\frac{1}{2}} - \int_0^{\frac{1}{2}}\left(-\sqrt{1-x^2}\right)\left(\mathrm{Sin}^{-1}x\right)'dx$$

$$= -\frac{\sqrt{3}}{2}\mathrm{Sin}^{-1}\frac{1}{2} + \int_0^{\frac{1}{2}}\sqrt{1-x^2}\cdot\frac{1}{\sqrt{1-x^2}}dx$$

$$= -\frac{\sqrt{3}}{2}\cdot\frac{\pi}{6} + \int_0^{\frac{1}{2}}dx = -\frac{\sqrt{3}}{12}\pi + \Big[x\Big]_0^{\frac{1}{2}} = -\frac{\sqrt{3}}{12}\pi + \frac{1}{2}$$

③ $\displaystyle\int_0^1 \frac{dx}{\left(x^2+1\right)^2} = \int_0^1 \frac{(x^2+1)-x^2}{\left(x^2+1\right)^2}dx = \int_0^1 \frac{dx}{x^2+1} + \int_0^1 x\cdot\frac{-x}{\left(x^2+1\right)^2}dx$

$$= \Big[\mathrm{Tan}^{-1}x\Big]_0^1 + \left\{\left[x\cdot\frac{1}{2}\cdot\frac{1}{x^2+1}\right]_0^1 - \int_0^1 \frac{1}{2}\cdot\frac{1}{x^2+1}dx\right\}$$

$$= \mathrm{Tan}^{-1}1 + \left(\frac{1}{4} - \frac{1}{2}\Big[\mathrm{Tan}^{-1}x\Big]_0^1\right)$$

$$= \frac{\pi}{4} + \frac{1}{4} - \frac{1}{2}\cdot\frac{\pi}{4} = \frac{\pi}{8} + \frac{1}{4}$$

⑦ ① $\dfrac{35}{256}\pi$　　　② $\dfrac{2}{15}$　　　③ $\dfrac{7\pi}{512}$

（解説）

① $I_8 = \dfrac{7}{8}\cdot\dfrac{5}{6}\cdot\dfrac{3}{4}\cdot\dfrac{1}{2}\cdot\dfrac{\pi}{2} = \dfrac{35}{256}\pi$

② $\displaystyle\int_0^{\frac{\pi}{2}} \sin^2 x\cos^3 x\,dx = \int_0^{\frac{\pi}{2}}\left(1-\cos^2 x\right)\cos^3 x\,dx = \int_0^{\frac{\pi}{2}}\cos^3 x\,dx - \int_0^{\frac{\pi}{2}}\cos^5 x\,dx$

$$= \frac{2}{3}\left(1 - \frac{4}{5}\right) = \frac{2}{3}\cdot\frac{1}{5} = \frac{2}{15}$$

③ $\displaystyle\int_0^{\frac{\pi}{2}}\cos^8 x\sin^2 x\,dx = \int_0^{\frac{\pi}{2}}\cos^8 x\left(1-\cos^2 x\right)dx = \int_0^{\frac{\pi}{2}}\cos^8 x\,dx - \int_0^{\frac{\pi}{2}}\cos^{10} x\,dx$

$\displaystyle = \frac{7}{8}\cdot\frac{5}{6}\cdot\frac{3}{4}\cdot\frac{1}{2}\cdot\frac{\pi}{2}\left(1-\frac{9}{10}\right) = \frac{7}{512}\pi$

第 4 章

① ①　6　　　　②　−3

（解説）

① $\displaystyle\int_{-1}^1 \frac{1}{\sqrt[3]{x^2}}\,dx = \int_{-1}^0 \frac{1}{\sqrt[3]{x^2}}\,dx + \int_0^1 \frac{1}{\sqrt[3]{x^2}}\,dx$

$\displaystyle = \lim_{\varepsilon\to+0}\int_{-1}^{-\varepsilon} x^{-\frac{2}{3}}\,dx + \lim_{\varepsilon'\to+0}\int_{\varepsilon'}^1 x^{-\frac{2}{3}}\,dx = \lim_{\varepsilon\to+0}\left[3\sqrt[3]{x}\right]_{-1}^{-\varepsilon} + \lim_{\varepsilon'\to+0}\left[3\sqrt[3]{x}\right]_{\varepsilon'}^1$

$\displaystyle = \lim_{\varepsilon\to+0}3\left\{\sqrt[3]{-\varepsilon}-(-1)\right\} + \lim_{\varepsilon'\to+0}3\left(1-\sqrt[3]{\varepsilon'}\right) = 3+3 = 6$

② $\displaystyle\int_{-3}^0 \frac{x}{\sqrt{9-x^2}}\,dx = \lim_{\varepsilon\to+0}\int_{-3+\varepsilon}^0 \frac{x}{\sqrt{9-x^2}}\,dx$

$\displaystyle = \lim_{\varepsilon\to+0}\left[-\sqrt{9-x^2}\right]_{-3+\varepsilon}^0 = \lim_{\varepsilon\to+0}\left(-3+\sqrt{9-(-3+\varepsilon)^2}\right) = -3$

② ①　$\log 2$　　　②　$\dfrac{1}{2}\log 2$　　　③　積分は存在しない。

（解説）

① $\dfrac{1}{x(x+1)} = \dfrac{1}{x}-\dfrac{1}{x+1}$ より

$$\int_1^\infty \frac{1}{x(x+1)}\,dx = \lim_{R\to\infty}\int_1^R \left(\frac{1}{x}-\frac{1}{x+1}\right)dx$$

$$= \lim_{R\to\infty}\Big[\log|x|-\log|x+1|\Big]_1^R = \lim_{R\to\infty}\log\frac{R}{R+1}-\log\frac{1}{2}$$

$$= \lim_{R\to\infty}\log\frac{1}{1+\dfrac{1}{R}}+\log 2 = \log 2$$

② $\dfrac{1}{x(1+x^2)} = \dfrac{1}{x}-\dfrac{x}{1+x^2}$ より

$$\int_1^\infty \frac{dx}{x(1+x^2)} = \lim_{R\to\infty}\int_1^R\left(\frac{1}{x}-\frac{x}{1+x^2}\right)dx = \lim_{R\to\infty}\left[\log|x|-\frac{1}{2}\log\left(1+x^2\right)\right]_1^R$$

$$= \lim_{R\to\infty}\left\{\log R-\frac{1}{2}\log\left(1+R^2\right)+\frac{1}{2}\log 2\right\} = \lim_{R\to\infty}\frac{1}{2}\log\frac{R^2}{1+R^2}+\frac{1}{2}\log 2$$

$$= \frac{1}{2}\lim_{R\to\infty}\log\frac{1}{\dfrac{1}{R^2}+1}+\frac{1}{2}\log 2 = \frac{1}{2}\log 2$$

③ $\displaystyle\int_0^\infty \sin x\,dx = \lim_{R\to\infty}\Big[-\cos x\Big]_0^R = \lim_{R\to\infty}\left(-\cos R+\cos 0\right) = -\lim_{R\to\infty}\cos R+1$

$R\to\infty$ のとき，$\cos R$ は極限値をもたない。よってこの広義積分は存在しない。

▮▮ 計算例による索引 ▮▮

本書で扱った主な積分計算

p.54

$$\int \log x\,dx$$

$$\int xe^x\,dx$$

$$\int x\cos x\,dx$$

p.56

$$\int \sqrt{a^2 - x^2}\,dx \quad (a>0)$$

p.58～p.60

$$\int e^{ax}\sin bx\,dx$$

$$\int e^{ax}\cos bx\,dx$$

p.61～p.69

$$\int \sin^2 x\,dx$$

$$\int \frac{dx}{\sin x}$$

$$\int \sin^3 x\cos^3 x\,dx$$

$$\int \frac{dx}{\sin^3 x\cos^3 x}$$

━━ **第3章** ━━

p.77～p.85

$$\int_0^1 x^2\,dx \quad (区分求積法)$$

$$\int_0^1 \sqrt{x}\,dx \quad (区分求積法)$$

$$\int_1^e \frac{1}{x}\,dx \quad (区分求積法)$$

$$\int_0^1 e^x\,dx \quad (区分求積法)$$

p.92

$$\int_1^3 x^2\,dx$$

$$\int_{-1}^3 (3x+1)\,dx$$

p.96

$$\int_0^{\frac{1}{2}} \frac{3}{\sqrt{1-x^2}}\,dx$$

$$\int_1^3 \frac{dx}{x^2+3}$$

$$\int_0^{\sqrt{3}} \frac{dx}{\sqrt{x^2+9}}$$

p.97～p.99

$$\int_1^2 (2x-3)^4 \, dx$$

$$\int_0^{\frac{\pi}{2}} \frac{\cos x}{1+2\sin x} \, dx$$

$$\int_1^2 xe^{x^2} \, dx$$

$$\int_1^e \frac{\log x}{x} \, dx$$

p.102

$$\int_0^1 xe^x \, dx$$

$$\int_0^{\frac{\pi}{2}} x \sin x \, dx$$

p.103～p104

$$\int_0^1 \mathrm{Tan}^{-1} x \, dx$$

p.106

$$\int_0^{\frac{\pi}{2}} \sin^5 x \, dx$$

$$\int_0^{\frac{\pi}{2}} \cos^6 x \, dx$$

■ 第4章 ■

p.112～p.114

$$\int_0^1 \frac{1}{\sqrt{x}} \, dx$$

$$\int_{-1}^1 \frac{1}{x^2} \, dx$$

p.116～p.117

$$\int_{-1}^1 \frac{1}{\sqrt{1-x^2}} \, dx$$

p.118～p.119

$$\int_0^1 \frac{dx}{\sqrt{x(1-x)}}$$

$$\int_{-1}^1 \frac{dx}{1-x^2}$$

$$\int_0^1 \log x \, dx$$

$$\int_a^b \frac{dx}{\sqrt{(x-a)(b-x)}} \quad (a<b)$$

p.120

$$\int_1^\infty \frac{1}{x^2} \, dx$$

p.121~p.122

$$\int_0^\infty e^{-x}\,dx$$

$$\int_1^\infty \frac{1}{x}\,dx$$

$$\int_{-\infty}^\infty \frac{1}{1+x^2}\,dx$$

p.123

$$\int_1^\infty \frac{dx}{x^\alpha} \quad (\alpha > 0)$$

【著者紹介】

丸井洋子（まるい　ようこ）　　博士（理学）

　学　歴　大阪大学大学院理学研究科博士後期課程修了（2004）
　職　歴　大阪工業大学（2004 〜）
　　　　　東洋食品工業短期大学（2005 〜）
　　　　　産業技術短期大学（2011 〜）
　　　　　大阪大学（2021 〜 2022）

【大学数学基礎力養成】
積分の教科書　新装版

2017年10月20日　第 1 版 1 刷発行　　　　ISBN 978-4-501-63480-3 C3041
2023年10月20日　第 2 版 1 刷発行

著　者　丸井洋子
　　　　© Marui Yoko 2017, 2023

発行所　学校法人 東京電機大学　〒120-8551 東京都足立区千住旭町 5 番
　　　　東京電機大学出版局　　Tel. 03-5284-5386（営業） 03-5284-5385（編集）
　　　　　　　　　　　　　　　Fax. 03-5284-5387 振替口座 00160-5-71715
　　　　　　　　　　　　　　　https://www.tdupress.jp/

JCOPY　＜（社）出版者著作権管理機構 委託出版物＞
本書の全部または一部を無断で複写複製（コピーおよび電子化を含む）すること
は，著作権法上での例外を除いて禁じられています。本書からの複製を希望され
る場合は，そのつど事前に，（社）出版者著作権管理機構の許諾を得てください。
また，本書を代行業者等の第三者に依頼してスキャンやデジタル化をすることは
たとえ個人や家庭内での利用であっても，いっさい認められておりません。
［連絡先］Tel. 03-5244-5088, Fax. 03-5244-5089, E-mail: info@jcopy.or.jp

印刷：新灯印刷(株)　　製本：渡辺製本(株)
装丁：福田和夫（FUKUDA DESIGN）
落丁・乱丁本はお取り替えいたします。　　　　　　　　　　Printed in Japan